高等院校"十三五"规划教材

GAODENG YUANXIAO SHISANWU GUIHUA JIAOCAI

U0876359

商业空间设计

SHANGYE KONGJIAN SHEJI

主编◎李敏勇 潘 奕 叶加根

北京工艺美术出版社

图书在版编目（CIP）数据

商业空间设计/李敏勇，潘奕，叶加根主编．— 北京：北京工艺美术出版社，2022.1

高等院校“十三五”规划教材

ISBN 978-7-5140-1809-7

Ⅰ.①商… Ⅱ.①李…②潘…③叶… Ⅲ.①商业建筑－室内装饰设计－高等职业教育－教材 Ⅳ.①TU247

中国版本图书馆CIP数据核字（2019）第065078号

总 策 划：肖大洲

出 版 人：陈高潮

责任编辑：赵震环　赵　微

版式设计：北京纬图博文文化传媒有限公司

责任印制：高　岩

法律顾问：北京恒理律师事务所　丁玲　张馨瑜

高等院校“十三五“规划教材

商业空间设计

李敏勇　潘　奕　叶加根　主编

出　版	北京工艺美术出版社
发　行	北京美联京工图书有限公司
地　址	北京市朝阳区化工路甲18号 中国北京出版创意产业基地先导区
邮　编	100124
电　话	（010）84255105（总编室） （010）64283630（编辑室） （010）64280045（发　行）
传　真	（010）64280045/84255105
网　址	www.gmcbs.cn
经　销	全国新华书店
印　刷	河北文盛印刷有限公司
开　本	889毫米×1194毫米　1/16
印　张	6.5
版　次	2022年1月第1版
印　次	2022年1月第2次印刷
印　数	3001～6000
书　号	ISBN 978-7-5140-1809-7
定　价	46.80元

前言

设计，是个反复推敲与抉择的过程。

在商业空间里，表达的手法各种各样，而我们坚信，空间的概念将变得越来越重要。因此，我们必须为我们设计的项目提供独特的解决方案。在本书中，我们尝试以多元视角与理性手段积极介入当代商业空间环境，在现实与自然、历史与文化的关联中寻找恰当的平衡点。致力于追求纯粹的设计精神和商业空间的无缝融合。

编者依据多年来在设计和教学中遇到的问题，在实践和理论多方参考的前提下编写此书。本书在商业空间的大类里，选取了办公空间、餐饮空间、展示空间三部分作为研究对象。并通过“实看、实练、实战、实做”的方式使读者系统地掌握这三个空间的设计。

本书是一本商业空间设计的实用性教材，由厦门泛钛设计装饰工程有限公司设计师团队和厦门兴才学院等全国多所院校的教师团队历时一年多共同编写。本书在编写过程中，力求知识结构的完整性，文字的可读性，知识点的实用性，这也是本书最为显著的特色。

由于编者水平有限，编写时间仓促，本书尚有诸多不足之处，敬请广大读者和同行给予指正。

——编者

编委会

目录

CONTENTS

第一章　商业空间设计概述

第一节　商业空间设计的概念

一、商业空间的一般含义

古代中国，聚集于渡口、驿站等交通要道处的货贩相对固定，而最原始的商业活动则是货贩们为来往的客商提供食宿（图1–1）。在西方，城镇中设立的中央露天广场是人们进行商品交易的场所，也是公共集会的场所，大家在此聚会社交，开展社会活动。例如初建于9世纪的圣马可广场，既是威尼斯重要的政治中心，又是主要的商业中心。（图1–2）

图1–1　中国古代渡口

图1–2　圣马可广场

商业环境是现代城市环境中不可或缺的组成部分，随着人类社会的发展、商业活动领域的扩展，商业环境的范畴从商场购物环境扩大到了城市、地区、国家甚至一些国际活动领域。

商业空间随着商业活动的发展而逐渐形成，是人类活动空间中最复杂、最多元的空间类别之一。广义上把商业空间定义为提供有关设施服务或产品，以及满足各种商业经营或服务活动需求的场所。狭义上的商业空间则可以理解为单纯的商业卖场，如百货商店、购物广场、超市等，它既是实现商品交换，满足消费者需求的场所，又是实现商品流通的空间环境（图1–3至图1–6）。随着时代的发展，现代意义上的商业空间呈现出多样化、复杂化、科技化和人性化的特征，并呈现出多种多样的新形式和新功能。狭义上的现代商业环境空间具备以下四个特征：标志性、实用性、艺术性及展示性。

图1–3　三宅一生服装店内景

图1–4　北京Meeting Someone创意餐厅内景

图1-5　深圳设计博物馆主展厅内景

图1-6　长安鼎峰悦镜售楼中心内景

综上所述，商业空间是由人、物品、空间三者之间的相对关系构成的。当人作为主体时，需要物质和精神上的满足，空间则成为存放物体的载体，同时物体也是构成空间的细小元素。在一个空间中，人作为流动的因子，而物体则是固定不动的。因此，影响因子的不同使得空间的形式具有多样性及艺术性。

二、商业空间所具备的场所精神及交互意识

1.商业空间的场所精神

“场所精神”这一概念是在后现代主义思潮影响下发展起来的。通俗意义上说，“场所”是指活动的处所、地方等。对于商业空间而言，场所是由场地和场地上发生的售卖行为组成的，场所为人们提供了个人和集体活动的空间以及与周围环境互动的机会。《韦氏词典》对“场所精神”有两层解释：“一指场所独特的气氛；二指地方的守护神，强调与守护神相关的场地意识或精神。”在《牛津大字典》中，“场所精神”指的是“场所独有的气氛与特征”，即场所精神是一种总体气氛，是人的意识和行动在参与的过程中获得的一种场所感，一种有意义的空间感，只有当抽象的物化空间转化为有情感的人化空间时，建筑才能成为真正的建筑。所以，我们说“场所精神是环境特征集中化和概括化的体现，通过定向和认同，任何场所都可产生互动”。场所这个概念不是不变的，但也并不代表场所精神就肯定会变。

随着社会的发展，人们已不满足于物质上的需求，开始越来越多地追求精神享受。不管是在国内还是国外，我们都能在一些大型的艺术文化展览上看到商业和文化的边界越来越模糊，如伊斯坦布尔Eye-D的眼镜店，不仅仅是一家商店，更是一个多用途的社交场所，集博客点、会议点、艺术画廊、咖啡厅和音乐厅于一体（图1-7）。现代商业的环境不仅仅会对消费者形成视觉上的冲击，也会对消费者形成心理和生理上的冲击，更是商业空间和文化环境的融合与交流。韩国化妆品牌悦诗风吟旗舰店的整体设计采用环保理念，参考温室的形态和风格，将旗舰店内设计为一个“空中花园”，凸起的垂直表面加入了使用环保再生纸制作而成的形似花洒的元素，日光通过建筑的玻璃顶棚能够全部射入室内。植物元素从室内延伸至室外，在建筑外立面上添加了与室内纸花洒形态相似的折叠铝制“花握”。这些立体折叠的面板由亚光表面铝制材料制成，自上而下递减的系列“花筒”中内设LED发光装置，为店面创造出极

图1-7　伊斯坦布尔Eye-D眼镜店内景

具动感的光效。整体商业专卖店设计清新明快，有效地将“环保、自然”理念传播给公众，增加消费者的购买欲。（图1-8、图1-9）

图1-8　悦诗风吟旗舰店外立面

图1-9　悦诗风吟旗舰店内景

2.商业空间的交互意识

扬·盖尔在《交往与空间》一书中强调空间的社会属性，提出社会交往有助于改善和发展环境的人文质量。书中将公共活动分为如下三类：

（1）必要性活动：指人们不同程度地都要参与的所有活动，其发生很少受到物质构成的影响，一年四季在各种条件下都可能进行，与外部环境关系不大，参与者没有选择的余地。如上学、上下班、购物、候车、出差等。

（2）自发性活动：只有在人们有参与的意愿，并且在时间、地点均合适的情况下才会发生，如散步、呼吸新鲜空气、驻足观望有趣的事情、坐下来晒太阳等。这些活动通常在外部条件适宜、天气和场所具有吸引力时才会发生。

（3）社会性活动：在公共空间中依赖于他人参与的各种活动，包括儿童嬉戏、互相打招呼、交谈、各类公共活动等被动式接触的广泛的社会活动。社会活动可产生于多种场合，如住所、私有户外空间、庭园和阳台、公共建筑、工作场所等。人们在同一空间中，流连、徜徉，自然引发各种社会性活动，这就意味着只要改善公共空间中必要性活动和自发性活动的条件，就会间接地促成社会性活动，实现社会交往。

商业活动中，构成商业活动的三大基本要素为人、物和载体，而自从我们有了市集用来交换商品之后，就有了最早形式的商业环境，商品同时也会吸引有共同喜好和经历能产生共鸣的购物者。购物行为既是我们出自本能的必要性行为，也是一种自发性的行为。当我们所处的购物环境不是特别理想时，我们可能仅仅只是发生购物行为；而当购物环境理想时我们会发生除购物以外的其他行为。这些行为更偏向于精神上所获得的满足感，不再只是简单的必要性行为，而是转换成以时间为趋势的可供人们沟通和交流感情的一种行为。所以，营造舒适的购物环境也是将现代商业环境塑造成一种社会交往的多元化空间。

商业活动既属于经济活动也属于文化活动的范畴，我们在创造新的商业环境时需考虑到社会文化活动因素，如中华传统文化活动、庙会活动及聚会活动等，这种以公共活动为主的社会交往空间需要满足不同人群的需求。PRADA纽约专卖店的设计师库哈斯将街道引入商店中，将艺术文化活动置于主要位置。该设计改变了购物的概念，参观者首先面对的是一个斑马木饰面的大波浪阶梯，台阶这种设计颠覆了人们对传统空间的认知，先下降到地下层，又在对面升起，最后又旋转而下成为舞台。白天，在台阶上展示鞋子，晚上，观众可以坐在台阶上欣赏演出。在这个商业化的时代，此设计重新考虑了公共功能从购物领域“收复失地”的可能性，主要空间和宽敞的阶梯属于“街道”的一部分，顾客既可以在这里购物，又可以进行其他多种活动，如休息，浏览商品，观看表演、电影或演讲。产品和顾客的关系被重新思考，这里不再是博物馆式的空间，而是鼓励顾客与商品或彼此之间互动的场所，力图激发顾客多样化的购物体验和社会交往行为。（图1-10、图1-11）

图1-10　PRADA纽约专卖店内景（一）

图1-11　PRADA纽约专卖店内景（二）

现代城市商业空间设计，会将不同的功能集中在一个整体的商业环境中，通常会加入娱乐、购物、餐饮等系列活动至同一空间之内，使各类不同功能的商业空间相互融合。通常会将其冠以统一的主题，让消费者在商业环境中不仅仅购物，还可以享受到更多、更全面的消费服务，从而激发消费者积极参与到商业环境中。这样的空间设计因为人与空间的交互性，可以激发消费者在闲逛中获得更多的惊喜与刺激。如日本环球影城主题乐园的设计。（图1-12）

图1-12　日本环球影城主题乐园外景

三、商业空间设计的定义

商业空间设计是将经营主题、经营者、商品、消费者融入建筑之中，通过结合生理学、心理学、行为科学、人体工程学、材料学、声学、光学以及生态学等，以提高人们生活品质、引导消费理念和审美品位为目标的设计活动。商业空间设计广义上指与商业活动有关的空间环境设计，即存在经营活动的场所空间设计；狭义上指单纯的商业卖场活动场所的设计。

如前所述，商业空间不仅要承载商业行为，还要满足消费者在空间内的交往、社交等精神文化方面的需求。这要求设计师在处理好空间功能的同时，还要考虑美观、经济之间的关系。另外一个需要研究的问题是如何提高商业环境的设计效果。在考虑商业环境的空间功能性时也要考虑装饰设计、灯光处理，以及色、形等设计因素。在当今信息化时代，商业竞争方式和手法层出不穷，设计师必须紧跟时代，在设计上反映出商家独有的文化特征，以适应不断发展的社会市场需求。

第二节　空间设计的基本空间形态

一、空间形态一：设立

“设立”又称为中心限定。以展示空间为例，将其空间的中心作为重点陈列区域，把大型的、重要的展品放置于空间的中心区域进行展示，而将次要的、小型展品以环形形式围绕中心展区，以此突出中心展品的重要性。

“设立”的形态特点一般是突出主题、简洁明快。这种陈列方式一般用在商铺入口处、中部或者底部，不设置中央陈列架，而配置特殊陈列用的展台。这种陈列方式方便消费者从不同的方向看到展品，因为展品处于核心空间和视觉中心，能够吸引顾客快速感知核心信息，对商品产生强烈的购买欲以及新鲜感。中心设立的方法使陈列看上去更加有层次，也可起到导向系统的作用。（图1–13、图1–14）

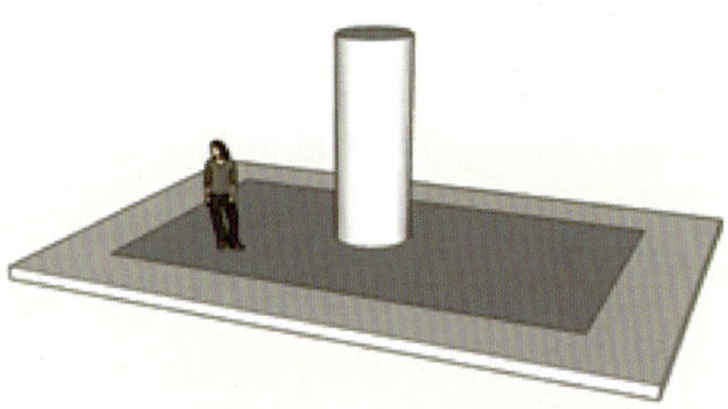

图1–13　空间形态“设立”的图例

图1–14　空间形态“设立”室内设计案例

二、空间形态二：围合

“围合”空间形式，是指在一个宽敞的大空间内，利用墙体或是半透明通透质感的媒介对空间进行隔断，以划分出不同功能的小空间，划分方式可以是半开放式或是全封闭式。在许多商业环境中，将封闭与开放相结合，多样化利用“围合”形式并结合不同的区域、不同的营销、不同的商品来陈列，使消费者产生尊贵感，更好地专注于消费行为本身。（图1–15、图1–16）

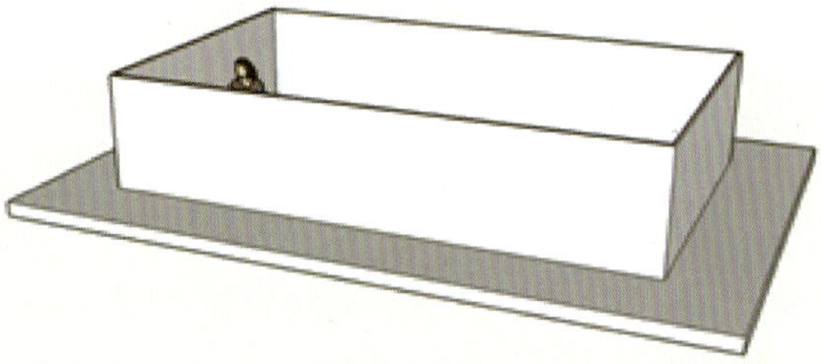

图1–15　空间形态“围合”图例

图1–16　空间形态“围合”设计案例

三、空间形态三：覆盖

“覆盖”空间，是指在开阔的空间区域内，通过用某种界面覆盖的形式在空中围合出一个半开放式的空间，给人一种安全、聚集、亲密的空间感受。这种利用某种界面所围合出来的空间也称为“灰色空间”，是一种适合聚集人流，供人们驻足停留、短暂休息的一种空间形态。（图1–17、图1–18）

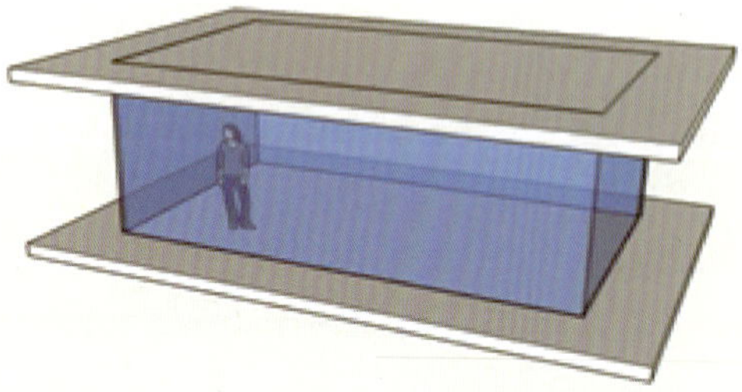

图1-17　空间形态“覆盖”图例

图1-18　空间形态“覆盖”室内设计案例

四、空间形态四：下沉

“下沉”空间一般见于室外，是在一个统一的空间内，局部空间下沉而产生的一个界限明确、富有变化的独立空间。由于下沉空间呈现凹状，给人私密、宁静之感。在这类空间中，因视点的下降，空间感受增大。（图1–19、图1–20）

图1-19　空间形态“下沉”图例

图1-20　空间形态“下沉”室内设计案例

五、空间形态五：地台

“地台”空间即局部空间抬升形成的独立空间。这种营造手法多见于室内设计之中，空间的地台抬升起到明确空间之作用，抬升部分的空间和周边空间相比有引人注目的作用，因此适用于重点产品的陈设。许多商业空间会利用此手法来凸显其力推的新产品，消费者走进商业空间就会很快且清晰地看见新产品。（图1–21、图1–22）

图1-21　空间形态“地台”图例

图1-22　空间形态“地台”室内设计案例

六、空间形态六：悬架

随着展陈方式的革新，人们已不能满足静态展陈方式。“悬架”空间营造，是利用一些特殊的动态展架，将商品悬挂于空中，使商品置于空间之中，可以有规律地运动、旋转，辅之以灯光照明变幻的手法，利用人的错视觉将静态的产品做动态化处理；“悬架”空间的另一种营造手法是在静止的展品中增加一些动态感以增加产品的特殊醒目性。（图1–23、图1–24）

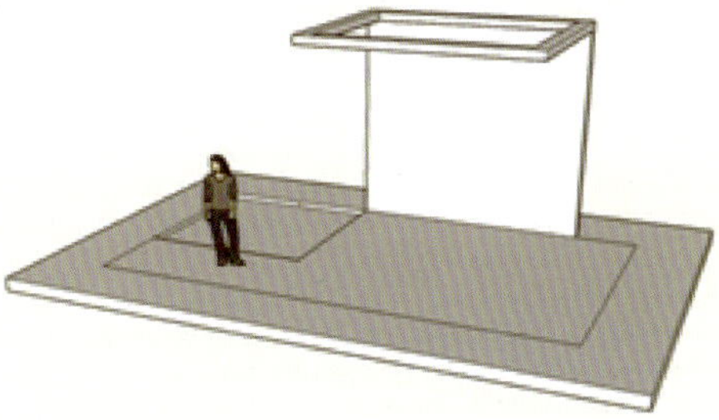

图1–23　空间形态“悬架”图例

图1–24　空间形态“悬架”设计案例

七、空间形态七：穿插

利用“穿插”的手法，将不同的形态通过叠加、渗透、增减等手法组合出一个灵动、通透，有视觉冲击力的新形态。“穿插”手法使空间形态变幻无穷，置于空间内的展品也呈现不同形态的展出方式，这种手法经常运用于商业空间设计中，容易吸引消费者的注意力。（图1–25、图1–26）

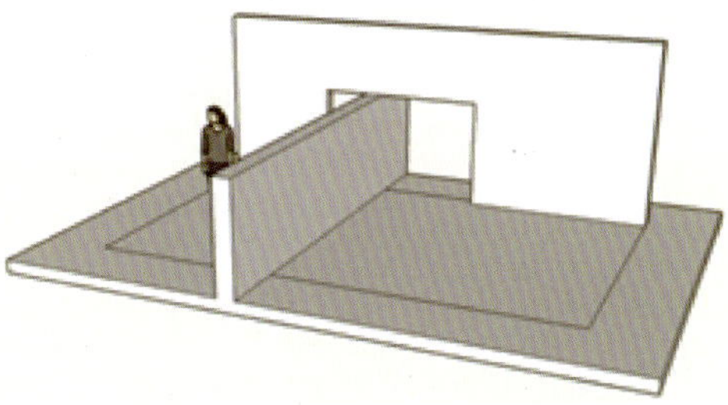

图1–25　空间形态“穿插”图例

图1–26　空间形态“穿插”室内设计案例

八、空间形态八：阵列重复

“阵列重复”是指把单一或者几个基本元素在空间中重复排列，达到整齐有力的空间效果。阵列重复的空间形式能产生一种序列的形式美感，在很多功能比较单一的商业环境中，这种阵列重复的形式广泛应用于空间之中。（图1–27、图1–28）

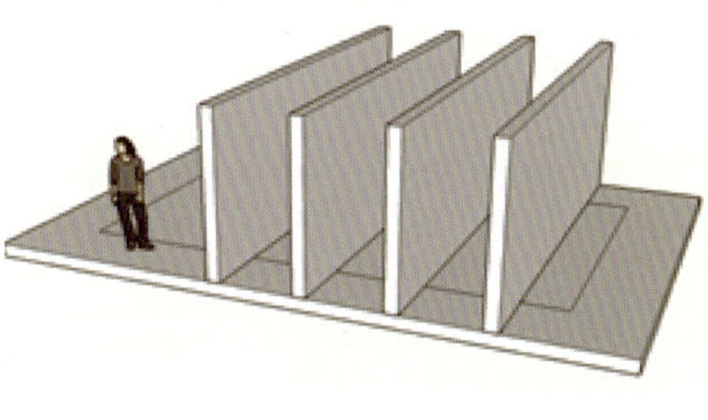

图1–27　空间形态“阵列重复”图例

图1–28　空间形态“阵列重复”室内设计案例

第三节　空间设计现状与发展趋势

一、商业空间的设计背景

1.历史起源

人类早期不定期的物物交换活动发展到定期集市后，商业交换活动就以集市和庙会的形式确定下来。在集市或庙会商业活动中，一些相对固定的货贩及客栈，则渐渐成为商铺的原形，它们一般聚集于交通要道。

图1-29　古代“庙会”商业贸易盛况

2.现代商业的发展

现代商业活动由分散到集中，从最初的流动形式转变为固定形式。商业活动空间的固定带来了不同的行业类型：集镇或商业区。商业空间的固定要配备一定的商业设施为来往的消费者提供方便，以便更好地进行商品交易。于是一些相应的交通、住宿、休闲设施和货运等服务行业随即产生，现代商业活动形式无论是在规模上还是功能上都远优于过去。

3.电子商务的冲击

随着社会科技的发展，互联网在全球范围内迅速崛起，引发了一场以互联网进行交易的商业革命——“电子商务”。电子商务使整个商业活动实现了“电子化”交易，商家和消费者在互联网平台上展开交易活动和相关服务。电子商务对传统商业活动的价格体系、经营方式、管理模式等都产生了冲击，使商业空间发生了一系列巨大的变化。

二、商业空间的设计现状

现代商业空间是集休闲、娱乐、购物于一体的超大的购物空间。进入21世纪之后，中国的商业空间发展开始进入兴盛时期，全国各大城市都在规划建设商业中心。由于人们生活水平的提高和消费观念的变化，商业活动开始转变为一种精神享受，单纯追求功能实用的商业设计服务已越来越难以适应现代城市生活多元化、个性化的发展趋势。兼具功能实用与新奇设计并融入浓厚商业营销理念的创新商业设计成为现代商业空间设计的主流。

现代商业空间设计是“空间功能、设计艺术与商业营销三者的有机结合，用空间设计创新商业营销”。因此，前期的市场调研变得十分重要，地域文化、地理位置、消费者诉求、服务需求、消费方式等因素，都可能成为影响最终商业空间艺术形式呈现的因子，这对设计师的文化艺术修养提出了极高的要求。

纵观当前国内商业设计行业，能够将这些商业营销元素有机地融入空间艺术设计，并将其发挥得淋漓尽致的设计机构屈指可数。

三、商业空间的发展趋势

随着生活水平不断提高，人们对商场、商业中心一类的空间环境有了更高的要求。这要求商业空间中的建筑、室内装饰必须具有时代感、创新性和前瞻性。

1.以人为本的设计理念

人的感受往往是空间设计中首要考虑的因素，在商业空间中也不例外。在一些特定的空间内，人们的心理感受和精神需求是不一样的，设计师需要考虑在满足人们物质需求的同时，改善空间环境来满足人们的精神需求。因此，在商业空间设计中，要利用空间中不同的色彩、尺度、材质、造型等因素来传达不同的讯息，努力给消费者创造舒适、优美的环境。

2.空间环境设计观念的变革

为适应消费者多元化审美和个性化消费，当代商业空间设计更加注重营造空间环境的趣味性，注重打造舒适的休息空间。设计中，强调物理空间和视觉空间的通透性、灵活性。在具体设计中，还体现为压缩展陈空间，选用透明材料、板材等新型材料制作展陈道具。

3. 注重设计的时代感与民族风格

科学技术的进步使新材料大量产生，设计手段和设计方法也不断更新换代。目前，大部分设计软件都已实现云操作、云存储，设计的开源共享和多人协作已成为一种趋势。另外，媒体技术的进步使商业空间的展陈方式更加多样化，例如LED屏的自动播放。总之，科技成果应用于商业空间设计，可使空间的视觉效果更加突出，能更加有效地传播商品形象，从而影响消费者的行为。如意大利BOCCA BUONA餐厅，不同风格与元素的融合使人想起意大利丰富的历史和文化，为餐厅赋予时尚而富有现代感的特征，更体现意大利的民族特色（图1–30）

图1–30　意大利BOCCA BUONA餐厅内景

4. 注重互动体验

在买方市场环境中，已不满足于物质享受的消费者，在商业空间中更多地强调购物的体验过程，更青睐于体验式消费。体验式商业空间是在体验式消费模式影响下产生的新兴商业空间，也是当下商业空间设计的一大趋势。为了增加消费者的参与度，体验式商业空间以消费者为主体，从产品、环境、人文等方面全方位考虑，将互动体验设计融入商业空间设计之中，从而使消费者愿意参与购物并延长在商业空间中的停留时间。如苹果数码产品体验店的设计以产品体验为主，弱化了其商业空间的销售功能。（图1-31）

图1-31　苹果数码产品体验店

第二章　商业空间设计构成

第一节　商业空间设计与消费心理学

在商业空间进行消费活动时，消费心理与行为活动的过程主要为：被吸引——产生兴趣——联想欲望——比较——信赖行动——满足。商业空间的设计者需研究消费者的心理和行为，并根据研究结果对空间做相应的改进。

一、理论基础

1. 消费者的消费心理和消费行为

（1）消费者购物观念的转变。正如本书第一章所述，在物质极大丰富的当今时代，人们的消费观念已经发生转变。当前，人们的消费活动不再是简单的购物行为，更多的是把购物当作一种休闲和消遣的方式，更加注重购物的体验。人们走进商业空间，至少有三个目的：一是购物、消费；二是休闲、消遣；三是开展社会交际。可见，要延长消费者在商业空间的停留时间，商业空间就必须具备舒适、宜人的环境，而这正是设计师在进行商业空间设计时需要首先关注的问题。

（2）消费者的购买动机。诱发消费者购买动机的因素很多，例如商品本身、消费服务、美观的造型、精美的包装和优良的购物环境等，这些都能刺激消费者购物。有调查表明，购物环境良好的商业空间，其经济效益高于其他商场。我们通常将商业活动中消费者的消费动机归纳为以下七种：

求新动机——新鲜事物通常有极高的关注度，会比较畅销，这些新鲜的事物刺激消费者产生好奇感和新鲜感，也容易给消费者留下深刻印象。因此商品的时尚性、社会流行的趋势等都是引起冲动消费的因素，经营者应尽量设法了解最新流行风尚，以满足消费者的求新欲望。

求名动机——有一部分消费者爱追求时尚名牌，这类消费者注重商品的质量、款式、流行元素等，因此知名商标常常成为这类消费者选购商品的决策依据，如高端化妆品香奈儿、迪奥等品牌商标吸引着消费者的购买行为（图 2–1）。这类消费者对商品的品牌非常敏感，某一名牌形象一旦受损，他们就可能放弃购买此类商品，而转向购买另外的名牌商品。

图2–1　某高端品牌商品

好奇动机——在购买商品时，追求新奇，特别注重所购商品的与众不同。年轻消费者追求新、奇、美，有独特的审美意识和价值取向，喜欢追随潮流，更希望引领潮流，所以容易被新奇的事物吸引。新奇的商品容易使他们产生强烈的购买兴趣和欲望。

习惯动机——在购买商品时消费者喜欢凭借自己的习惯进行选购，特别是面对自己日常使用惯了的品牌日用品，一旦需要便会买下来，这类消费者在购买的时候往往是比较理性的。

从众动机——消费者购物行为会追随大众的行为。受社会环境的影响，一些消费者在选购商品时会希望和相关群体保持一致，而很多人抱着“你有，我也要有”的心理，导致跟风消费现象的产生。

求美动机——每种商品都有其独特的包装，而顾客在选购商品时会被精美的包装所吸引。造型独特、新颖和包装的精美可以起到“沉默的推销员”的作用。

求廉动机——指消费者以追求商品价廉实用为主要目标的购买动机。消费者因特别重视商品价格，在购买过程中会反复比较各类商品或同类商品的价格。

上述消费动机并不是完全独立的，通常会交叉出现，消费者在购买商品时往往会被多种因素影响。因此，在营造商业空间氛围时要适当迎合人们的消费动机，以便符合市场营销策略。

（3）消费者的购买心理过程。消费发生购买的心理活动，大致可分为三个阶段，如图 2–2 所示。

认知过程——认识商品、了解服务是消费行为的前提。商品的包装、陈列以及商业空间的装饰等，对消费者的进一步行动有重要作用。在这个过程中，商品本身和空间环境起到诱导作用。如舒适美观的空间装饰、以人为本的服务体系、生动别致的橱窗展示、商品的陈列、品牌以及广告宣传效应等，都应使消费者感到身心愉悦，产生消费的欲望。

情感过程——在认知的基础上，消费者经过一系列的比较、分析、思考，直到做出判断的心理过程。消费者在消费过程中，存在着比较、选择的过程。大型的购物环境中应具备多家商店、多种品牌、多种商品、多方面信息等，以便产生商业聚集效应。

意志过程——通过认知和情感的心理过程，消费者有了明确的购买目标，最终实现购买的心理决定过程。

图2–2　消费者购买的心理过程

（4）消费者的消费行为。消费者的消费行为是消费者寻找、购买满足自身需求的商品和劳务所表现出的一切脑体活动。产生消费行为有以下两个方面原因：一是生活水平的提高，消费者有了购买欲；二是在广告或休闲购物活动的引诱下产生的购物欲。如迪奥创意的入口设计，将包的形象做成巨大的雕塑展示在入口处，令人印象深刻（图 2–3）。

图2-3　迪奥入口的创意设计

顾客被商品所吸引并产生一定兴趣，其购买商品的情绪、心理变化主要反映在购物现场，顾客的情绪会随着环境的改变而变化。优美的环境最容易激起顾客的兴奋与认同，从而使其产生消费冲动，加上商品本身对人情绪的影响，会促使顾客产生积极的购物行为。生产企业与商业机构常常通过精美、生动的橱窗陈列展示商品，利用商业广告等相应策略宣传和推广商品。他们不仅把自己的产品介绍给顾客，而且将产品质量、企业实力等信息一并呈现给顾客。商家还利用提高服务水准、店家信誉、待客艺术、陈列艺术、包装艺术等增加商品的吸引力。（图 2-4）。

图2-4　夸张、个性的商店橱窗

研究消费心理和消费行为的目的是以顾客消费需求为中心，通过营造商业环境给予消费者一定的“归属感”，从而吸引特定消费群体。因而，在设计商业空间的过程中，要在满足消费者购物需求的同时，注重把握其心理，选择恰当的环境设施，使设计方案个性化。

2. 消费心理对商业空间设计的影响

在对一个商业空间进行设计时，要充分考虑消费者的心理，透彻地研究消费者的心理对商业空间设计具有指导性意义。在商业空间设计中，可以将消费者心理作为设计切入点，全方位分析顾客的心理状态后，对顾客的消费需求、购买动机进行总结分析，最后根据分析结果进行商业空间设计。这样的设计流程可使商业空间功能定位更加准确，也更容易构建文化氛围。

（1）消费心理影响商业空间中人性化设计。人性化的设计概念不仅仅只是满足于人们对空间的使用功能，还要满足人们的心理、精神的需求，以达到空间环境的人性化。设计的人性化具体体现在对人性的充分尊重，例如在商业购物空间、餐饮空间及娱乐空间中的平面空间的划分与布置，通过家具陈设设计、灯光氛围的营造、空间色彩的运用，充分挖掘人性的本质需求，使人们在空间中获得充分的体验。

人性化设计在商业空间设计中应注意以下几点：

首先要满足空间使用功能的需要。现代的空间设计在对建筑界面美化的同时，更多的是对空间功能、形态上的改善。我们应该充分考虑以人为本的主要功能，在满足人的需求的前提下再去探寻创造空间的形式美，这就要求设计师在进行空间设计时需要充分考虑人体工程学，以人体活动习惯、尺度为依据，在满足空间使用功能的同时也能创造出舒适方便的商业环境。

其次是注意物理环境的创造。空间中总是伴有热、光、声等物理环境因素的影响，空间中的制冷、采暖、通风、照明等物理环境直接影响人们的生理和心理感受。

最后是要满足人的心理情感需要。空间中运用不同的颜色、尺度、材质、造型、陈设等会给人带来不同的心理感受，而不同年龄、性别、职业、地域、信仰的人对空间环境的要求也不同。世界顶级建筑艺术大师约翰·波特曼曾说过："如果我能把感官上的因素融汇到设计中去，我将具备那种左右人们如何对环境产生反应的天赋感应力，这样，我就能创造出一种为人们所直接感觉到的和谐环境。"由此可见，设计要符合人体行为习惯、尺寸标准。具有人性情感的空间环境往往给人们带来更多的精神愉悦感和舒适感，从而使人们不自觉地发生消费行为。如图 2-5 所示，曼谷 Open House 汇集了餐厅、休闲室、酒吧、画廊、商店、快闪店、图书室和工作坊，这些功能共同构成了一个空间群落。

图2-5　曼谷Open House内景

（2）消费心理影响商业空间中装饰材料的选择。在商业空间设计中，装饰材料对消费者的心理有很大的影响，因此材料的选择是一项重要的工作。材料通过肌理的不同，色彩、光泽、透明度的不同，直接给消费者一种视觉感受。在商业空间的设计中，设计师要根据空间功能和定位以及目标消费群体的心理选择恰当的材料，展现不同的效果对消费者形成感官冲击，从而激发消费者的购买欲。

在商业空间的装修中，我们将多种材质混合使用，向消费者展现抽象或具象且极具形式感的店面形象，在展现材料的全新独特艺术价值时也将符合消费者现代审美的商业空间一并交付于消费者，当顾客站在店面前时，就如同站在艺术作品前，是具有吸引力的。通过材料肌理间的相互作用，我们能看到很多新的视觉形式，让消费者产生不同的消费体验。利用一种非平衡结构的视觉样式，可以最大限度地激活感官，最大限度地唤醒消费主体的心理活动，进而形成消费行为。如佛山"川限杂谈"餐厅，以竹子作为川菜馆的空间介质，独特的肌理展现了空间独特的艺术价值，给消费者以深刻的印象。（图 2-6）

图2-6　“川隈杂谈”餐厅内景

在展示材料的肌理美时，并不是单纯地去追求肌理的视觉效果，而是追求材料所创造出来的新的空间体验。在商业空间的设计中，材料的不同，带给消费者的心理感受也不同，如何使用材料的肌理来刺激消费者的购物欲，让更多的消费者进入店内实现消费行为，这是商业空间设计应解决的问题。

在商业空间设计中，通过不同材料肌理的运用与对比，展现出商业空间的意境与情感。在形式多样的商业空间中，我们能看到更多新的视觉形象，产生更多新的消费体验。将材料的肌理运用到商业空间设计中，所产生的视觉样式具有强烈的形式意味和感官激活力，能够最大限度地唤起消费者的内在心理活动，激发消费动机。（表 2–1）

表2–1　不同材料给人以不同的心理感受（部分）

序号	肌理类别		心理感受	备注
1	天然肌理	花岗岩、大理石、竹藤、木纹、动物表皮纹	厚重、沉稳、理性、亲切、自然环保、舒适、柔软	运动类、电子类等店面；中式餐厅、咖啡厅等橱窗底部；首饰类展柜
2	加工肌理	棉麻、丝绸、金属品表面，切割纹理，瓷器的结晶釉，搪瓷的花纹	亲切、舒适、高贵、理性、刚硬怀旧、古色古香、艺术美感	民俗类、服装类、建材类
3	人工肌理	手绘图案、制作壁纸装饰图	怀旧、个性、时尚	陶瓷、古玩店

（3）消费心理影响商业空间中色彩与灯光的设计。商业空间的设计中，色彩和灯光的设计是影响消费行为发生的重要因素。色彩有其自身特定的属性：明度、纯度、冷暖等，呈现给大众不同的心理感受，并通过与光的和谐搭配，塑造出生动且极具个性的商业空间氛围。色彩与光的设计在商业空间中的表达应做到每一个细节都细致完美，从橱窗、招牌、材料肌理等细节中的色彩搭配、灯光照明布置到整体店面的光色搭配，都需全方位考虑。如图 2–7、图 2–8 所示，不同的色彩和灯光设计，给人以截然不同的空间感受。

图2-7　不同的色彩和灯光设计

图2-8　不同的色彩和灯光设计

色彩除了具有装饰空间的功能之外，还具有一定的使用功能。不同色彩的运用及变化能够传递丰富多样的信息，引起人们心理和情绪的变化，起到吸引消费者注意力、招揽顾客的作用。

统一协调的色调是商业空间色彩设计的重要手段之一。不同的色彩设计和不同的色彩组合在商业空间中的运用能产生截然不同的效果。和谐优美的色彩组合，可以提升空间美感，反之则会成为商业空间设计的累赘，破坏设计的艺术效果。五代后梁著名山水画家荆浩曾经指出："红间黄，秋叶堕；红间绿，花簇簇；青间紫，不如死；粉间黄，胜春光。"由此可见，色调不同，色彩组合不同，带给人们生理上和 心理上的感受是不同的。

色彩组合关系中的色调和对比关系，是商业空间色彩发挥魅力的广阔天地，更是商业空间色彩设计成功与否的关键。因此，在色彩的配置上，需要注意色彩的主调，通过不同的色彩主调来营造相应的空间氛围。

首先，暖色调给人以热情、活泼、热烈的心理感受。暖色调的店面设计极具诱导性、煽动性，人们的情绪极易受到色彩的感染，从而诱发消费的欲望。因此，暖色的设计是大多数商家的首选。据专家研究发现，红、橙、黄等暖色调能激发、提高人们的积极性，加快肾上腺分泌和增强血液循环，使人兴奋，令人增强活力，诱发食欲，有助于食物的吸收。同时红、橙、黄色使人感到紧张，不由得加快就餐节奏，使客流量倍增。如魁北克拉瓦尔 Miss Wong 中餐厅，暖色调的灯光设计为餐厅营造出明亮而温馨的用餐氛围。(图 2-9)

图2-9　魁北克拉瓦尔Miss Wong中餐厅内景

其次，冷色调给人一种宁静、深沉、悠远、神秘、清凉之感，这是夏季冷饮店面设计之所以选用冷色调的主要原因。研究表明，一些冷色调的色彩如沽蓝、湖蓝，除了能降低脉搏跳动速度，还能消除人们的紧张情绪。因此，医院、办公空间的色彩设计通常用浅蓝色、浅绿色营造一种宁静、悠然、放松的空间氛围，仿佛与喧闹的街市分开。同时，冷色调还能给人一种心灵上的自信、沉着感，西班牙Knowhere是一个非牟利的共享空间，是一个可以学习也可以用作商业办公的地方，就以其充满理性的蓝色彰显个性，在这里，信任、分享与享受并存。（图 2-10）

图2-10 Knowhere联合办公空间内景

最后，灰色调是偏雅致的，素净的。由于这种色调过于冷静，常运用于书店、文化用品店、艺术商店、展示空间等。灰色调本身有很多种，概括起来有冷灰和暖灰之分。冷灰色调的商业空间色彩设计易表现怀旧、深沉的气氛，但也可能产生一种单调感，解决方法是通过材料的质感、纹理来使之丰富，灰色调成为一个衬托作用的颜色。暖灰调的商业空间色彩设计则具有现代感，视觉冲击力较冷灰色调强。商业展示常选用暖灰色调来体现动态与宁静感。采用暖灰色的色彩组合处理，突出创意，充满动感，具有鲜明、跳跃的时代特征。如康宁玻璃艺术博物馆，整体空间使用暖灰色调并结合材质的使用，展现艺术空间的空灵之感。（图 2-11）

图2-11 康宁玻璃艺术博物馆内景

单纯的色彩搭配并不能使商业空间得到完美的呈现，还需要辅以灯光设计。商业空间中，灯光设计应首先与建筑结合起来，使建筑照明成为商业空间装饰灯光的有机组成部分，达到建筑立面完整的效果。

商业空间中，灯光的运用应考虑与照明的结合。普通的商业空间照明方法可以归纳为基本照明、重点照明和装饰照明三种。

在商业空间设计中，基本照明普遍是匀称地布置在顶棚之上，当作固定照明使用，这种照明形式为室内空间提供了一个良好的均匀照度。重点照明是为了突出商业空间招牌上的某一部分或是商店标志，在重点塑造区域布置一些投射类灯具，以强化视觉功能，引人注目。装饰照明是为了丰富商业空间的外观环境，在商业空间中的某些位置布置一些装饰性灯具，其目的不在采光而在于强调装饰效果。

商业空间中，优秀的灯光照明设计不仅能引人注目，还能与店内空间形成层次感，加强室内空间感。其作用主要有四点：塑造商业空间的视觉效果；吸引并引导顾客进入；引发顾客对商品的注意；烘托整体的展示效果。

空间的不同效果可以通过光的对比来表现。商业空间的设计中常通过增强光影的对比来加强空间的立体感。如不少商铺为了展示店面的立体感，常采用光影原理，获得良好的照明艺术效果。光影艺术极具艺术魅力，但在形式上应注意它的图案、形状和比例，以及韵律效果。

商业空间中常用光影艺术来营造氛围，利用不同光色、不同明度的光源可营造个性化的商业空间气氛。摄人心魄的商品只有在聚光灯下才会散发特有的魅力，才会吸引消费者注意。

（4）消费心理影响商业空间中的橱窗设计。橱窗属于商业空间中的一部分，橱窗通常用来展示商品，将商品摆在显眼的位置，使商品看起来更加耀眼、美观，给消费者带来新鲜感，使消费者产生购物欲。

消费者在消费的过程中很容易被美的事物所吸引（由人的求美动机引发）。在商业空间设计时，要重点考虑这种消费心理，将橱窗作为商业空间中重要的展示部分进行精心的设计。橱窗设计遵循以下几个设计原则：

①商业环境整体化：在进行橱窗设计时，首先应考虑整体商业环境，要从整体商业环境出发，将橱窗设置在最佳位置——通常是人流量较大的主街道上，建筑的正面及侧面。其次是考虑整个橱窗所占面积与整体商业空间面积的比例要恰当。最后，要根据整体的商业环境、人群喜好、当下审美潮流来确定橱窗的整体外观效果。

②橱窗类型风格化：在进行橱窗设计时，应考虑到整个商业空间的经营类别、建筑的风格以及经营的理念，以此确定橱窗的风格。

③橱窗设计结构化：橱窗设计结构化有利于展示商品和达到展示的最佳效果。橱窗内部合理的结构设计和完善的设施配套，可以使展示陈列布置更加高效，展示的效果更好。

④橱窗设计机能化：在进行橱窗设计时要充分考虑人体工程学。橱窗结构要符合人体工程学，橱柜高度、展品陈设高度、基础照明设置、人流动线的设置、空间色彩的选择等都是我们应该考虑的。设计的出发点都是人，都是通过展示效果吸引顾客消费。只有当人们进入商业空间后，觉得这个空间的整个感觉及动线是令人舒服的，使用起来也是便捷的，这样的空间设计才是合理的。

橱窗设计是一门集创意、造型、色彩、材料、灯光等多种因素于一体的综合艺术，需要无穷的艺术灵感。橱窗除去其基本的展示功能，也是消费者情感依托的情景片段。如中国工匠系奢侈品牌“端木良锦”，其橱窗设计灵感来源于汉代画像，它将中国的传统文化与现代社会完美结合，电动装置的使用为橱窗塑造了一个巧妙的三维空间，整个橱窗设计在商业空间中生动又活泼。而这幅生动的场景成为北京 798 艺术区的一道独特风景和独特的地标（图 2-12）。故而在橱窗设计时，需把握消费者的情绪心理、消费心理，并以此来营造氛围，使橱窗成为沟通消费者心理的桥梁，以达到引导、促进消费之目的。

图2-12 “端木良锦”橱窗设计

（5）消费心理影响商业空间中的招牌设计。招牌是指用在商店门前作为标志的牌子，具有一定的指引作用，消费者通过商店的招牌就可以初步判断店内主要销售什么。门前招牌的摆放形式也是多种多样的，可以有竖招、横招或是在门前牌坊上横题字号，或在屋檐下悬置巨匾，或将字横向镶于建筑物上。店铺招牌的设计代表着该店铺的形象。能否吸引顾客进入店铺，招牌的设计有着很重要的作用。

首先，在设计店铺招牌时，招牌的色彩选择与灯光的搭配不容忽视。别具一格的色彩选择会使消费者眼前一亮，配上合适的灯光效果容易使消费者产生强烈的情感共鸣，容易使空间获得消费者的认可，有利于市场地位的提高。心理学研究表明，鲜艳的颜色在客观上容易吸引消费者，人们首先是在视觉上感受色彩，随后才过渡到内容上。醒目诱人的色彩容易使人产生强烈的视觉冲击，形成不可抗拒的吸引力。这种消费情感设计成功的例子很多，其中麦当劳和肯德基就是非常成功的例子。

图2-13　KFC醒目的店面招牌

其次，招牌中灯光的设计，主要是考虑在夜间吸引消费者视线。霓虹灯和日光灯招牌能使店铺明亮醒目，增加店铺在晚间的可见度。同时，这些招牌能制造热闹和欢快的气氛。霓虹灯和日光灯招牌可设计成各种形状，采用多种颜色。灯光巧妙的变换和闪烁能产生一种动态的感觉，比起一成不变的静态灯光来说，这种灯光能活跃气氛，更富有吸引力，在设计时需注意以下几点：

招牌的光源应用，要注意突出企业形象，给人以良好的第一印象，以引导顾客进入商业空间，并有突出强调商品的作用；光源的使用意在区别于周围其他店铺；选用显色性高、光束温度低、寿命长的光源；在装置时注意适应商品的变化。

所以，在商业空间中招牌设计需要掌握好消费者的情感因素，根据消费者的喜好及心理，通过招牌设计的尺度比例关系、和谐的韵律感、悦目的图案组合和恰到好处的光影变化等，将繁复多样的设计变成高度统一的店面招牌，将店铺信息简单明了地呈现给公众。

商业空间的设计必须立足于对消费者的消费心理进行系统全面的研究。例如，店面的招牌设计的广告性、开放性和识别性，可瞬间吸引消费者；橱窗具有促销、选择和展示商品以及情感依托的功能，可架起与消费者心灵沟通的桥梁；材料和材料肌理特性，可营造良好的情感氛围和舒适的触觉、视觉效应，进而促成消费的实现；空间中色光可诱导、煽动、调节消费者情绪，从而激发消费欲望。所以，从消费心理视角研究商业空间环境设计，可有效地刺激、诱导消费，激发消费者的购买欲望。

二、经典案例赏析

1. 东京银座 GINZA SIX

东京银座曾是日本的钱币铸造厂，也是目前日本具有代表性的繁华街道之一，至今仍保留日本传统文化，是东京最具代表性的文化及商业特区。

2017 年春季开业的东京银座旧改商业项目 GINZA SIX，在引爆话题、吸引人气、刺激消费的同时，也为未来高端商业的发展模式创造了新典范。其采用高雅、潮流的环境设计，同时活用日本传统文化，宣扬一种潮流、优质的生活方式，是值得借鉴的成功案例。（图 2-14）

图2-14　日本东京GINZA SIX商业综合体外景

GINZA SIX 能在商铺林立的银座中脱颖而出，离不开其独特的耀眼外形。它的建筑外观由设计过纽约 MOMA 新馆的日本国宝级建筑师谷口吉生操刀。从该项目的外立面来看，大量采用日本传统建筑中“屋檐”和“暖帘”的设计元素，产生一种还原日本老式建筑的效果。谷口先生提出“屋檐”的建议，是为了使消费者从所有街道上看到建筑物时，一眼就能辨别出是 GINZA SIX，所以在办公区的每个高楼层都设计了一圈不锈钢“屋檐”，通过此种方式展现出水平方向的一致性，从而吸引过路消费者的眼球。（图 2-15）

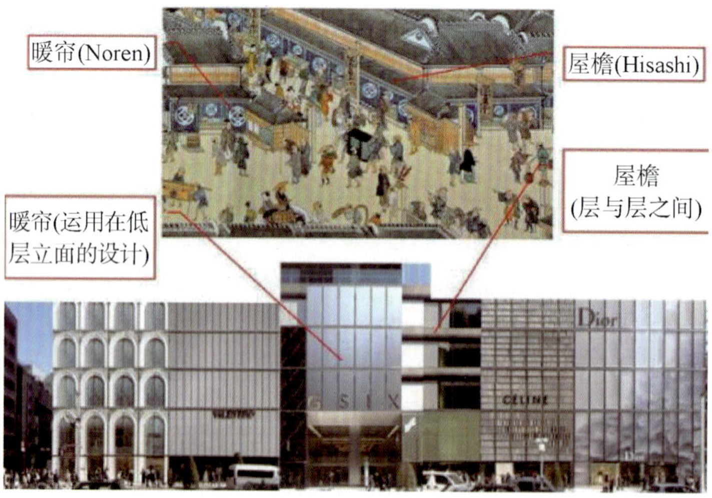

图2-15　GINZA SIX建筑外立面设计元素

相应地，在底楼层的商业空间中，谷口吉生提出将并排位于中央大道上的六个品牌的正面设计成“门帘”的建议。建筑的价值当然最好是能够永久保持下去。对于像 GINZA SIX 这种商业建筑，最理想的是可根据时代变化和流行趋势，在店铺外观或标志上立即做出更换。特别是商业建筑中，需要的就是这种变与不变的共存。哪怕几十年后，GINZA SIX 建筑的重要部分不锈钢“屋檐”仍和现在一样，持续映射出街道的景象，而根据不同品牌而自由设计的“门帘”则随着时代而不断演变下去，这种景致最为理想。

商业设施的共用部分由 Curiosity 和 Gwenael Nicolas 负责室内设计。面积达 47000 平方米左右的巨大商业空间，为了呈现可亲性，塑造亲切感的环境，以“人”的情感及身体感觉为第一考量，创造出人性化的规模空间。

商场在规划上有三大重点：

其一，必须为空间塑造象征性元素。例如，当前时代重要的不只是是否上镜的问题，成为媒体宠儿更重要。人们到这里拍照时，要认出“这里就是 GINZA SIX”，就像巴黎埃菲尔铁塔那样的存在。

其二，设定好各种场景进行模拟，从而设计出人在空间中的动向。例如，从某个地点到另一个地点需要花几分钟？此时是否需要再多设一台电梯？希望这一带有光线，是否需要挑高？等等。

其三，设置动态的空间与能够放松的空间，让整体空间张弛有度。让传统文化精髓融入室内设计中，创造一个能让居住在本土的消费者及家人感觉开心的空间。这种强烈的文化属性也吸引各地游客，日本传统建筑使用拉门和灯笼，设法让柔和的光线照射到各个角落，而 GINZA SIX 则在挑高的中庭订做了三维和纸，让来自天窗的自然光柔和穿过，使光线遍布各处。天花板运用了传统建筑元素中的“格扇”，楼梯扶手采用了百叶窗结构，再搭配上形似竹子的格子，充分体现了日式建筑的风格。（图 2-16）

图2-16 GINZA SIX 几何形顶部造型

另一方面，为避免规模巨大的楼层过于单调，设计师以保存至今的银座街道为原形，将商店前的通道设计成蜿蜒状。因为这种蜿蜒的设计，使所有店铺都形成拐角，不会像普通商场那样，一眼就能看到整条街道，顾客如同走在小街小巷中，享受邂逅每家店铺的喜悦之情（图 2-17）。在设计的过程中，设计师注意到生活在银座附近的居民中有不少长者，不愿错过“银发经济”的 GINZA SIX，在商场内布置了大量休息座椅，让老人们逛累了有地方休息。

图2-17 GINZA SIX 走廊折线吊顶做法

值得一提的还有 GINZA SIX 为游客提供资讯的服务台，不仅提供常规的导购、咨询、物品借用等服务，还为观光客提供手信购买，激发消费者的“偶然性消费”。同时，商场内还设置了纵贯数层楼的数码装置，表现日出和日落的影像，美轮美奂，使消费者保持自然、舒心、愉悦的购物状态。（图 2-18）

图2-18　GINZA SIX里美轮美奂的数码装置

设计中善用艺术品，将艺术融合于室内设计也是 GINZA SIX 的亮点之一，例如天花吊顶灯便是采用日本著名设计师草间弥生的南瓜灯设计（图 2-19）。融合艺术元素还体现在商场的导购手册之中，这不是一本普通的商品导购手册，而是在各个楼层的导览中，标注艺术品所在楼层以及艺术品的相关介绍，让消费者仿佛参观一座美术馆一样（图 2-20）。积极打造公共空间（设施），也正是日本商业超前所在。GINZA SIX 在设计上突破了商场的定位，更多考虑与整体城市环境的连结与平衡，在空间设计上注重商业与城市环境的一体感。

图2-19　草间弥生设计的南瓜灯艺术品白天效果

图2-20　商场内植入不同设计师的特色作品

当然，空间环境的完美设计离不开与主力店的高度配合。GINZA SIX 引进著名的茑屋书店——售卖生活态度。这家茑屋书店与其他门店不同，其差异就体现在：主售常规书店不多见的大型美术专业书籍；代客定制与贩卖传统工艺品；长期能在此看到艺术家的最新作品集；与星巴克合作，不仅可以将茑屋书店未付费的书籍带到星巴克阅读，还专供为消费者量身定制的咖啡菜单，甚至可以把自己喜爱的咖啡豆寄存在店里，这无疑创造出了新的需求蓝海（图 2-21）。另外，GINZA SIX 还能为 VIP 提供特殊服务，如预订场地，提供符合其级别的空间设计等。

图2-21　入驻GINZA SIX的茑屋书店内景

总之，GINZA SIX 将日本传统文化与新时代元素融合，并将对消费者的款待之心化为具体行动，渗透在空间设计、业态与品牌布局和人性化服务的方方面面。其商业空间设计的特点具体可总结为以下五点：

（1）重视区域特质，将日本传统元素巧妙地运用并转换为现代设计语言；

（2）在充分掌握顾客特性及消费心理之后进行设计；

（3）强调艺术主题的空间，打造丰富的公共区域；

（4）贯穿、应用于各主力店的商场主轴；

（5）为特殊顾客提供相应的服务。

2. 曼谷 OPEN HOUSE 共享商业空间设计

OPEN HOUSE 位于曼谷上空 50 米处的 Central Embassy 综合体中。在 4600 平方米的巨大双层室内，餐厅、休闲室、酒吧、画廊、商店、快闪店、图书室和工作坊共同构成了一个空间群落，凭借与人体相适宜的尺度，天衣无缝地组合在一起（图 2-22）。这是一个人人都能从中感到舒适、自在与轻松，使人乐于久留并获得灵感的空间。人们可以在这里闲逛、游乐、吃喝或者伏案工作。

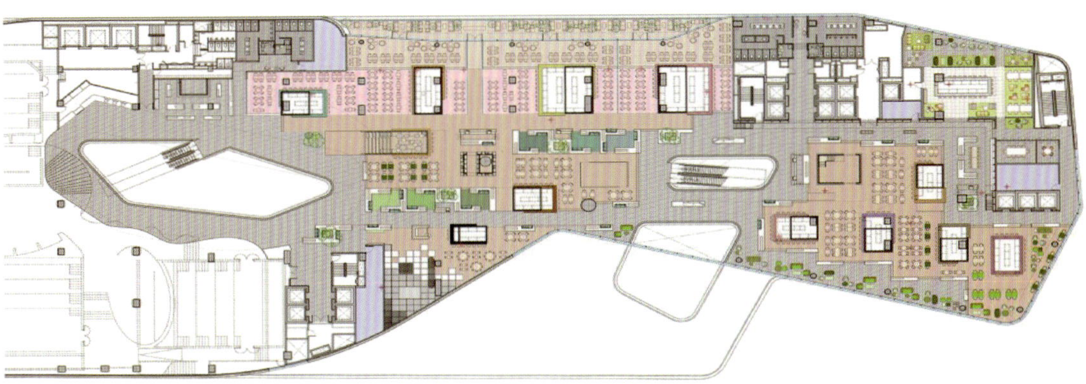

图2-22　曼谷OPEN HOUSE空间平面图

OPEN HOUSE 的设计围绕 14 间餐厅及酒吧、一间书店、一个联合办公空间、一个儿童空间和各种各样的公共区域展开。因为包含着如此多的组成部分与功能，该项目从一开始就明确了导览在建筑中的关键地位。如何才能够将这一飞机库般的空间分解为一个能够解读的、无缝衔接的群落？设计师把一系列餐厅所在的塔形结构，设计为图腾柱的形式，使其在遥望中显而易见；隐藏厨房的排风罩和空调管道；利用空间围合大量立柱，从而减轻它们在视觉上的冲击。（图 2–23）

图2–23　多功能空间

这些塔形结构由一系列带有浮雕细工图案的木材包覆；这些富于变化的图案能够随着人们在空间中的移动，使光线透过塔形结构的方式发生改变。在白天，塔形结构看上去较为硬朗，夜间则开始“消散”，制造出有趣的分层效果和重叠的图案。天花板上围绕塔形结构而设的镜面使它们获得了延伸至空间之外的观感，打破了屋顶的边界。（图 2–24）

图2–24　带有浮雕图案的塔形结构

不同于普通的巨型方盒子，书店的元素以一种线性的方式游走于空间之中——沿其路径分布着可供歇息和阅读的休息区域。书店的一端以高大的书架为终结，另一端则被一面巨大的双层高书墙所围绕。书店与酒吧及餐厅空间不露痕迹地融为一体，使人们能够自在畅快地进行浏览。在以线上售书为主导的当下，这样一个精心布置的、专注于亚洲艺术及文化的书店，就显得格外醒目，深受读者欢迎，因为身体性的阅读体验无可替代。（图 2–25、图 2–26）

图2–25　OPEN HOUSE内景

图2-26　OPEN HOUSE中心艺术塔

图2-27　OPEN HOUSE顶棚

以对话、书籍签售以及烹饪工作坊等活动来激活空间，是保持空间生机的关键所在。名为“台阶”的就坐区域为这种活化作用提供了极大的便利，在不举行活动的时候，也能够适当地提供坐席。热闹而充满欢声笑语的儿童区域旁边还设有为孩子们准备的餐厅。

Central Embassy 综合体位于曼谷的一个植物异常繁茂的区域，这里一边是英国事务所设计的大楼，另一边则得以俯瞰众多绿树。设计师希望在建筑内部延续这种绿植的概念，使整个 OPEN HOUSE 被荫庇在带有树叶图案的天棚之下。为了在实现这一点的同时减少广阔的白色天花板带来的冲击，设计师设计了一种蔓延至整个空间的树叶图案。他们连续花费六个星期在天花板上手绘 9600 片树叶，最终创造了一项令人惊讶的艺术作品，同时也是空间中最具标志性的、令人难忘的元素。（图 2-27）

OPEN HOUSE 还包括一个名为“温室”的联合办公空间，它位于书墙的后方，提供了更为安静和隐蔽的工作空间，以及一系列会议室。从任意一间餐厅预订的食物和饮料，皆可被直接送往工作台上。（图 2-28、图 2-29）

图2-28　温室的联合办公空间（一）

图2-29　温室的联合办公空间（二）

第二节　商业空间设计中人体工程学的运用

一、人体工程学的概念

人体工程学是第二次世界大战后发展起来的一门新学科，又被称为工效学、人类工程学、人体工学等。

人体工程学以人—机关系为研究的对象，以实测、统计、分析为基本的研究方法。从室内设计的角度来说，人体工程学的主要功用在于通过对生理和心理的正确认识，使室内环境因素适应人类生活活动的需要，进而达到提高室内环境质量的目标。人体工程学在室内设计中的作用主要体现在：为确定空间范围提供依据；为设计家具提供依据；为确定感觉器官的适应能力提供依据。

1. 人体构造

人体构造中与人体工程学关系最紧密的是运动系统中的骨骼、关节和肌肉，这三部分在神经系统支配下，使人体各部分完成一系列的运动。骨骼由颅骨、躯干骨、四肢骨三部分组成，脊柱可完成多种运动，是人体的支柱，关节起骨节间连接及活动的作用，肌肉中的骨骼肌受神经系统指挥收缩或舒张，使人体各部分协调动作。

2. 人体尺度

人体尺度是人体工程学研究的最基本的数据之一。我国各地区成年男女人体各部分平均尺寸见表2-2。

表2-2　我国不同地区人体各部分平均尺寸　　单位：mm

编号						
部位	较高人体地区		（冀、鲁、辽）中等人体地区		（长江三角洲）较低人体地区（四川）	
	男	女	男	女	男	女
A人体高度	1690	1580	1670	1560	1630	1530
B 肩宽度	420	387	415	397	414	385
C 肩峰至头顶高度	293	285	291	282	285	269
D 正立时眼的高度	1513	1474	1547	1443	1512	1420
E 正坐时眼的高度	1203	1140	1181	1110	1144	1078
F 胸廓前后径	200	200	201	203	205	220
G 上臂长度	308	291	310	293	307	289
H前臂长度	238	220	238	220	245	220
I 手长度	196	184	192	178	190	178
J 肩峰高度	1397	1295	1379	1278	1345	1261
K 1/2上个骼展开全长	869	795	843	787	848	791
L上身高长	600	561	586	546	565	524
M 臀部宽度	307	307	309	319	311	320
N 肚脐高度	992	948	983	925	980	920
O 指尖到地面高度	633	612	616	590	606	575
P 上腿长度	415	395	409	379	403	378
Q 下腿长度	397	373	392	369	391	365
R 脚高度	68	63	68	67	67	65
S 坐高	893	846	877	825	350	793
T 腓骨高度	414	390	407	328	402	382
U 大腿水平长度	450	435	445	425	443	422
V肘下尺寸	243	240	239	230	220	216

二、人体工程学在餐饮空间中的应用

1. 设计前的考虑

（1）行为空间。满足人的行为活动所需要的空间。根据人体动态尺寸和行为活动的范围考虑的空间。

（2）生理空间。人的生理需求所要求的空间。如视觉上所要求的满足采光条件的窗户大小、嗅觉和呼吸所要求的通风孔大小、身高要求的房间高度等。

（3）心理空间。满足人的心理需要的空间大小。如无压迫感的棚顶高等。

2. 餐饮设施布局、面积指标

（1）餐饮设施的布局

①独立设立餐厅和宴会厅：此种布局使就餐环境独立而优雅，功能设施之间没有干扰。

②在裙房或主楼低层设餐厅和宴会厅：多数饭店采用这种布局形式，功能连贯、整体、内聚。

③主楼顶层设立观光型餐厅：此种布局（包括旋转餐厅）特别受旅游者和外地客人的欢迎。

④休闲餐厅布局（包括咖啡、酒吧、酒廊）：这种布局形式比较自由灵活，大堂一隅、中庭一侧、顶层、平台及庭园等处均可设置，增添了建筑内休闲、自然、轻松的氛围。

（2）餐饮设施的面积指标

餐厅的面积一般以 1.85 平方米 / 座计算，其中中低档餐厅约 1.5 平方米 / 座；高档餐厅约 2.0 平方米 / 座。（指标过小会造成拥挤，指标过宽会增加工作人员的劳作时间与精力）

饭店中的餐厅应大、中、小型相结合：大中型餐厅餐座总数占总餐座数的 70% ～ 80%。小餐厅餐座占总餐座数的 20% ～ 30%。影响面积的因素有：饭店的等级、餐厅等级、餐座形式等。饭店中餐饮部分的规模以面积和用餐座位数为设计指标，随饭店的性质、等级和经营方式而异。饭店的等级越高，餐饮面积指标越大，反之则越小。高等级饭店每间客房的餐饮面积为 9 ～ 11 平方米，床位与餐座比率为 1 ：1 至 1 ：2。

3. 餐饮设施的常用尺寸

在装饰工程设计时，必然要考虑室内空间的家具陈设等与人体尺度的问题。

（1）墙面尺寸

①踢脚板高：100 ～ 200 毫米。

②墙裙高：800 ～ 1500 毫米。

③挂镜线高（画中心距地面高度）：1600 ～ 1800 毫米。

（2）餐厅

①餐桌高：750 ～ 790 毫米。

②餐椅高：450 ～ 500 毫米。

③圆桌直径：二人 600 毫米，三人 800 毫米，四人 900 毫米，八人 1300 毫米，十人 1500 毫米，十二人 1800 毫米。

④方桌尺寸：二人 700 毫米 ×850 毫米，四人 1350 毫米 ×850 毫米。

⑤餐桌转盘直径：700 ～ 800 毫米。

⑥餐桌间距：（其中座椅占 500 毫米）应大于 500 毫米。

⑦主通道宽：1200 ～ 1300 毫米。

⑧内部工作道宽：600 ～ 900 毫米。

⑨酒吧台：高 900 ～ 1050 毫米，宽 500 ～ 700 毫米。

⑩酒吧凳高：600 ～ 750 毫米。

（3）饭店客房

①标准面积：25 平方米（大），16 ～ 18 平方米（中），16 平方米（小）。

②床高：400 ～ 450 毫米；床靠高：850 ～ 950 毫米。

③床头柜：高 500 ～ 700 毫米，宽 500 ～ 800 毫米。

④写字台：长 1100 ～ 1500 毫米，宽 450 ～ 600 毫米，高 800 毫米。

⑤行李台：长 910 ～ 1070 毫米，宽 500 毫米，高 400 毫米。

⑥衣柜：宽 800 ～ 1200 毫米，高 1600 ～ 2000 毫米，深 550 毫米。

⑦沙发：宽 600 ～ 800 毫米，高 350 ～ 400 毫米；靠背高 1000 毫米。

⑧衣架高：1700 ～ 1900 毫米。

（4）卫生间

①卫生间面积：3 ～ 5 平方米。

②浴缸长度：一般有三种，分别是 1500 毫米、1200 毫米和 2000 毫米。

③坐便器：750 毫米 ×350 毫米。

④冲洗器：690 毫米 ×350 毫米。

⑤洗面盆：550 毫米 ×410 毫米。

⑥淋浴器高：2100 毫米。

⑦化妆台：长 1350 毫米，宽 550 毫米。

4. 餐饮空间的环境设计

（1）餐饮环境功能分区的原则

①总体布局时，把入口、前室作为第一空间序列，把大厅、包房雅间作为第二空间序列，把卫生间、厨房及库房作为最后一组空间序列，使其流线清晰，功能上划分明确，减少相互之间的干扰。

②餐饮空间分隔及桌椅组合形式应多样化，以满足不同顾客的要求；同时，空间分隔应有利于保持不同餐区、餐位之间的私密性不受干扰。

③餐厅空间应与厨房相连，且应挡住视线，厨房及配餐室的声音和照明不能泄露到客人的坐席处。

（2）餐饮环境动线设计的原则：餐厅的通道设计应该流畅、便利、安全。

（3）餐饮环境的主题营造。餐饮室内空间的主题营造，就是在室内餐饮环境中，为表达某种主题含义或突出某种要素进行的理性设计，有助于把餐饮环境的氛围上升到完美的精神境界，有助于指导室内设计风格的形成。

5. 餐厅室内设计的主要原则

（1）家具选择与设计：造型、色彩与环境协调。

（2）坐席排列：整齐有序，错落有致，空间充足，有立体感。

（3）光环境设计：大众餐厅简洁明亮，尽量采用自然光；酒吧和风味餐厅照度不宜过大；宴会厅用明亮的暖色调，自然光和灯光组合。

（4）色彩环境：大众餐厅明快的冷色调；风味餐厅、宴会厅和咖啡馆用典雅的暖色调。

（5）室内绿化：适当布置绿色植物。

（6）空间界面质地：墙面有利声音的散射和漫反射；地面防滑、不反光；顶棚结合灯具布置。

（7）细部设计：窗帘、台布、插花、餐具等和谐、典雅、局部对比鲜艳。

（8）隔音设计：互不干扰。

（9）通风与空调。

（10）消防安全。

餐厅室内空间的高度可以从两方面看：一是绝对高度，即实际层高；另一个是相对高度，即不单纯着眼于绝对尺寸，而要联系空间的平面面积整体考虑。正确选择合适的尺寸无疑是很重要的。如高度定位过低会使人感觉不亲切。人们从经验中体会到，在绝对高度不变时，面积越大，空间显得越低矮，如果高度与面积保持一定的比例，则可以显示出一种相互吸引的关系，利用这种关系可以构造一种亲切的感觉。尺度感不仅体现在空间的大小上，也体现在许多细部的处理上。在酒店餐厅设计中，不同比例和尺度的空间给人的感觉不同。因为，空间比例关系不但要合乎逻辑要求，同时还需要满足理性和视觉的要求。在餐厅室内空间中，合理有效地把握好空间的尺度以及比例关系对室内空间的造型处理是十分重要的。

三、人体工程学在办公空间中的应用

1. 办公空间的功能分区

办公空间的分类有很多方式和依据。通常情况下，我们以办公空间的活动性质、办公工作的基本模式和办公环境的开放程度来分类。办公空间的各类空间，通常由主要办公空间、公共接待空间、交通联系空间、配套服务空间、附属设施空间等构成。

（1）主要办公空间是办公空间的核心。因办公性质和规模的不同，主要办公空间有小型办公空间、中型办公空间和大型办公空间三种。

①小型办公空间：一般面积在 40 平方米以内，适应管理型的办公方式。

②中型办公空间：一般面积在 40 ～ 150 平方米，其外部联系较方便，内部联系也较紧密。适应组团型的办公方式。

③大型办公空间：其内部空间既有相对的独立性又有整体的统一性，适应于各种组团的共同使用的办公方式。

一般规模的办公空间需要满足的功能要求包括：前台或文员工作区、经理室、会计出纳室、会议室、文印室、休息室和卫生间等。

大型办公空间的功能则更为复杂，会有专门的接待室、资料室、展示室、健身室等。面积大于 60 平方米的会议室等人员聚集场所，需要设置两个出入口以缓解人流压力。

（2）公共接待空间。主要是指用于进行接待、会客、展示、会议等活动需要的空间。根据整体的空间的规划，一般有大、中、小各类型；以及各类大小不同的展示厅、资料阅览室、多功能厅等。

（3）交通联系空间。主要指用于所在环境交通联系的空间。一般有水平交通联系空间和垂直交通联系空间。

①水平交通联系空间主要指门厅、大堂、走廊、电梯厅等空间。

②垂直交通联系空间主要指电梯、楼梯等空间。

（4）配套服务空间。主要指为满足主要办公空间需要的空间，通常有资料室、档案室、文印室、电脑机房、晒图室、员工就餐厅、开水房、卫生间、工具室等。

（5）附属设施空间。主要指保证办公楼正常运作的附属空间，通常为变电室、中央控制室、空调机房、锅炉房等。

2. 人体工程学在办公空间设计中的基本要求

从现代办公空间设计的角度来说，应用人体工程学的主要目标是使室内环境因素适应人类生活活动的需要，提高办公效率和室内环境质量。人体工程学说到底是为人服务，以人为中心，而后根据人的体能结构、心理形态等综合因素，通过合理的空间设计和办公设施，达到高效、安全和舒适的目的。人体工程学在办公空间设计中的重要性体现在以下几个方面：

（1）办公空间设计中尺度的基本要求。人体工程学应用于办公空间设计不仅涉及人的尺度问题，还带给人们高效、舒适、安全之感。在设计时要确定人们需要办公空间的范围，必须清楚知道人体活动需要多少面积，在空间里活动的人数，与之相关的办公设施在空间中的宽度与高度，使人、物与空间在设计中能够和谐共存。

①人在办公空间中工作，势必需要合理的工作环境。人体工程学要始终以人为核心，根据工作环境的需求，应考虑到先整体再局部，处理好整体与局部的合理协调关系。

②空间为人所用，设计一定要落实于空间环境。人体工程学要为工作人员创造高效、安全和舒适的办公空间环境，对办公设施进行合理性的安排。

③一切从实际出发，结合企业自身的特点进行办公空间设计，在设计过程中会遇到诸多问题。空间尺度直接影响到空间给人的感受，因此必须注意这类问题。办公设施的摆放，椅子、柜子、办公桌等设施之间要有一个合适的距离。确定空间范围时，首先确定空间中的人数，每个人的活动面积以及办公设备与家具在空间内需要多少占地面积。所以，运用人体工程学能够使办公空间达到人性化的效果。

（2）正确选择办公家具的要求。确定每一件家具设施的形状、尺度及使用范围也主要是依据人体工程学。办公家具是为人服务的，无论是人体功能用具以及贮存用具，都要依据人的尺度进行选择。在办公设计中，最常见的失误，是设计座椅时，使用者的舒适程度被忽略。座椅的设计既要符合人体基本需要，又要合理且舒适。人体功能用具中沙发、椅子等，需要人坐着舒服，减少疲劳感。贮存功能用具中的架子、柜子等，必须有储存文件的空间，方便人们借阅。同时办公用具要方便人们使用，必须有活动和使用空间，这就需要以人体工程学为指导。

①办公桌的长、宽与人的上肢活动范围和视觉范围的关系。（图 2–30）

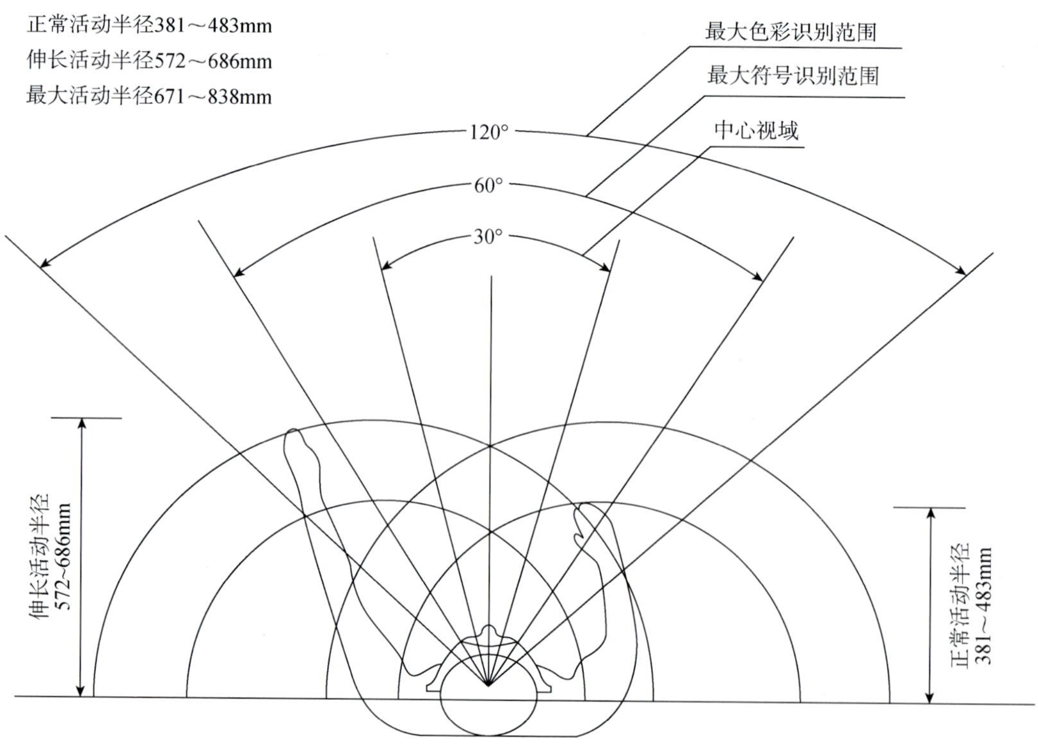

图2–30　人体上半身正常活动范围

②正常工作坐姿的人体尺寸。（图 2–31）

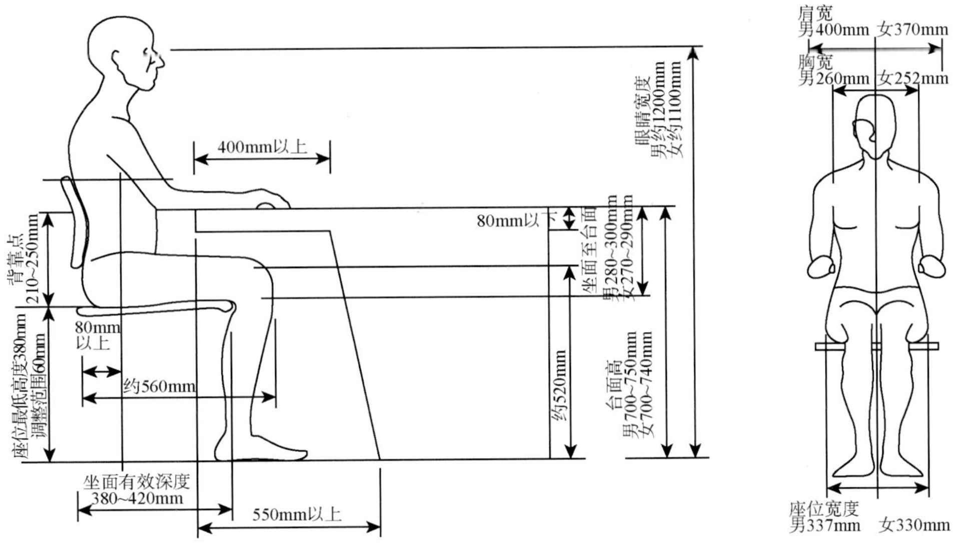

图2-31　正常工作坐姿人体尺寸

③电脑操作台的常用尺寸。（图 2-32）

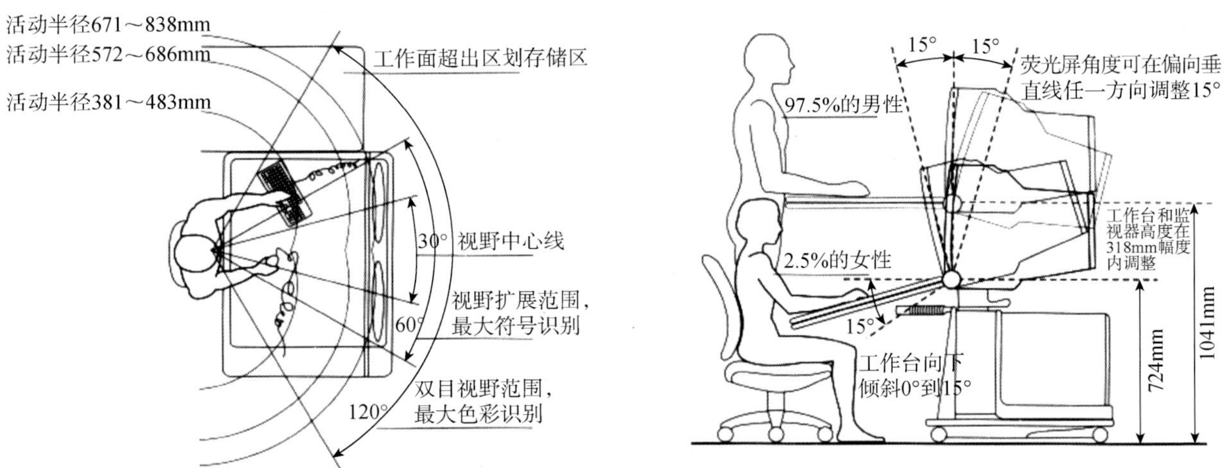

图2-32　电脑操作台的常用尺寸

④组合式工作台。（图 2-33）

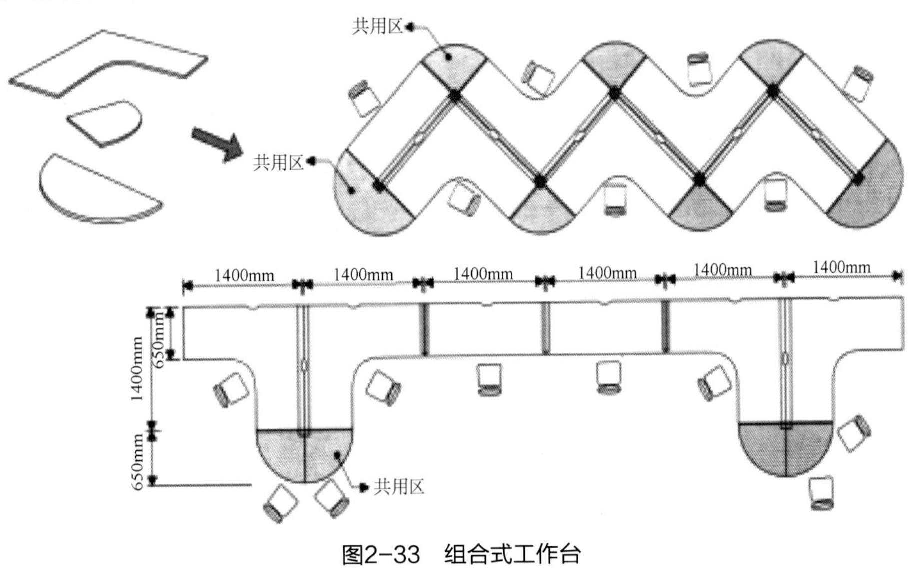

图2-33　组合式工作台

⑤办公椅。（图 2–34）

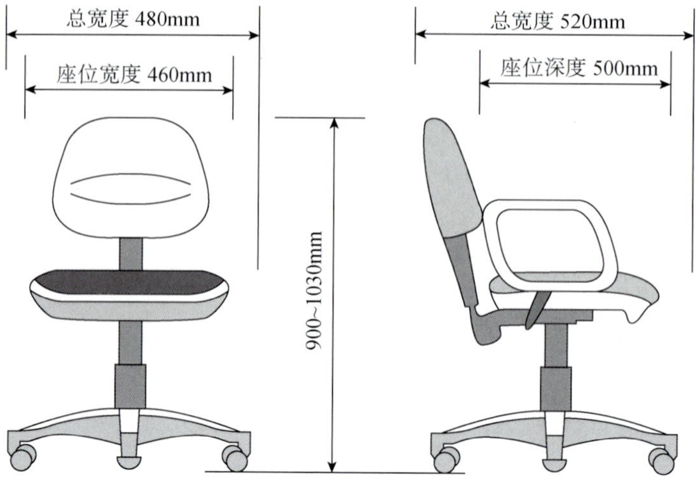

图2–34　办公椅

⑥隔断上吊柜尺度。

⑦在开放式办公区域使用不同高度的办公隔断，可以产生不同程度的围合度和私密感。

⑧八人方形会议桌的参考尺寸。常规会议桌可以按人均占有边长 750 毫米作参考来确定其尺寸。

⑨相邻工作单元的参考间距。

⑩可通行的工作单元应考虑行走所需的空间。

⑪带资料柜的工作单元应考虑取放资料的动作空间。

⑫可接待来访者的工作单元。

⑬接待空间等候区的参考平面尺度。

3. 办公空间中人体感官系统的适应性

在工作环境中，人的听觉、视觉、触觉等方面与空间的联系密不可分，要为工作人员创造舒适的工作环境，同时也要了解人的感官系统，这样有助于人在保持愉快心情的同时提高工作效率。

（1）在视觉方面。值得我们关注的首先是视觉因素，在办公空间中人对空间的感知首先源于视觉，可通过一些手段来调整视觉感受。例如，想衬托出较大的空间，可采用矮小的设备与装饰构件；局部吊顶可采用以低补高的方法，造成高低对比的效果；解决室内面积小的问题，可采用划大为小的方法，小尺寸铺地板，衬托大的空间。

（2）在听觉方面。在办公空间设计中，听觉环境处理包括两大类：第一，如何让人更清楚地听到喜欢听的声音，这是声觉设计的问题；第二，如何让人听不到不愿意听到的声音，即噪声。噪声的防护通常选用消音的室内材料并合理布置到空间内。脑力作业为主的空间通常要求安静，应该尽量远离噪声，中间可以用掐房间进行分隔，作为缓冲区。在空间设计时，也要采取一些措施。例如：为增加吸音效果，在适宜的墙壁和顶棚处用吸音材料装修；可设计不同造型的墙壁达到吸音效果，如利用抛物面这一特殊造型使声能反射后集中于某一处。

（3）在触觉方面。在办公空间设计中触觉方面易被忽视，触觉方面主要是温度、痛觉等问题的处理。在各种刺激中痛觉实际上是最直观的反应，压力太大，太热、太冷都会体现。所以在触觉方面，主要处理的是温度和压力问题。在各种拉手上，就会出现人的动作力和受力面大小的关系，如推拉门上的拉手设计，接触面相对较小的拉手，使人手受力过大会有疼痛感，因而在设计中常遇到的问题就是人的身体与受力物体、接触面大小这种细节问题。还有当我们在冬天时接触金属类材质的东西，身体就会不自觉地发冷，产生畏缩感。

人体工程学不单从系统角度研究人、物、环境三个要素之间的联系，也可在空间角度研究各个要素。建筑内部空间的任何尺寸除构造要求外，与人体有关占绝大部分，所以要把人的因素放在首位，以创造更舒适、更合理的办公空间。

4. 办公空间照明环境与办公家具常用尺寸

（1）办公空间照明环境。在实际设计时，以下方法可作为参考：

在工作中的视野内，不应直接看到光源；光源亮度较为刺眼时，需要使用遮光罩；光源要安装在与水平成 30° 角以外的地方；荧光灯管的安装方向要垂直于视野方向；总体光源功率确定时，低功率多点式照明比高功率集中式照明更为合理；桌面尽量不使用易反光的材料和颜色；照度以 500 ～ 700lx 为宜；灯具的设置最好与工作台面的设置一致，以免产生死角。

（2）办公家具常用尺寸。办公家具要让使用者在使用时感到舒服、方便和安全。同样的使用对象，因不同的使用方式，对家具就会有不同的要求，在家具选用中应严格考虑人体工程学的问题。室内办公、服务以及附属设施等用房的比例分配、房间大小及数量，均应根据办公空间的使用性质、建筑规模和相关标准来确定。

办公桌：长 1200 ～ 1600 毫米，宽 500 ～ 650 毫米，高 700 ～ 800 毫米。

办公椅：高 400 ～ 450 毫米，长 450 毫米，宽 450 毫米。

沙发：宽 600 ～ 800 毫米，高 350 ～ 400 毫米；靠背高 1000 毫米。

茶几：前置型 900 毫米 ×400 毫米 ×400（高）毫米，中心型 900 毫米 ×900 毫米 ×400 毫米，700 毫米 ×70 毫米 ×400 毫米，左右型 600 毫米 ×400 毫米 ×400 毫米。

书柜：高 1800 毫米，宽 1200 ～ 1500 毫米，深 450 ～ 500 毫米。

书架：高 1800 毫米，宽 1000 ～ 1300 毫米，深 350 ～ 450 毫米。

中心会议室客容量：会议桌边长 600 毫米。

环式高级会议室客容量：环形内线长 700 ～ 1000 毫米。

环式会议室服务通道宽：600 ～ 800 毫米。

四、人体工程学在展示空间中的应用

与展示关系密切的人体生理因素有视觉、听觉和嗅觉等。此处主要讲解视觉。

视野是眼睛固定于一点时所能看到的范围，是视觉空间设计的重要依据。主视野位于视野的中心，分辨率较高；余视野位于视野的边缘，分辨率较低。在进行环境设计时一般有这样的规则：重要的在 3° 视野以内，一般的在 20° ～ 40° 视野以内，次要的在 40° ～ 60° 视野以内，一般不在 80° 视野以外设置。人眼的视力、视野、光觉、色觉是视觉的要素，人体工程学通过计算测量得到的数据，对室内光照设计、室内色彩设计、视觉最佳区域等提供了科学的依据。（图 2–35、图 2–36）

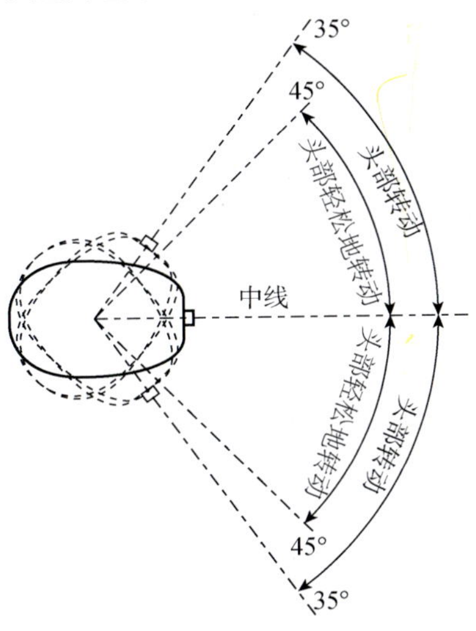

图2–35　头部水平活动视线

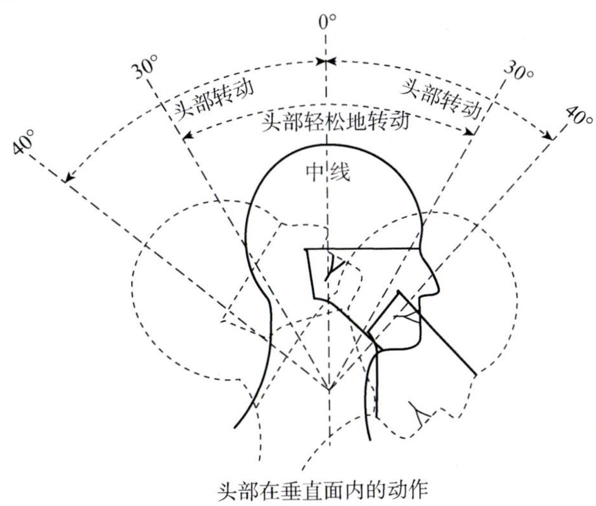

图2–36　头部垂直活动视线

可以看出，当顾客进入卖场或在卖场门口时，视线多数是处于平视状态。也就是说顾客很少高抬着头或低着头进入卖场。因此，在陈列中，要特别注重“视平线”范围内的陈列，这就是“客体视觉陈列”。在这种陈列方式中，新品往往陈列于“视平线范围”，因为这样更能让消费者看到或更能让顾客注意。（图 2–37、图 2–38）

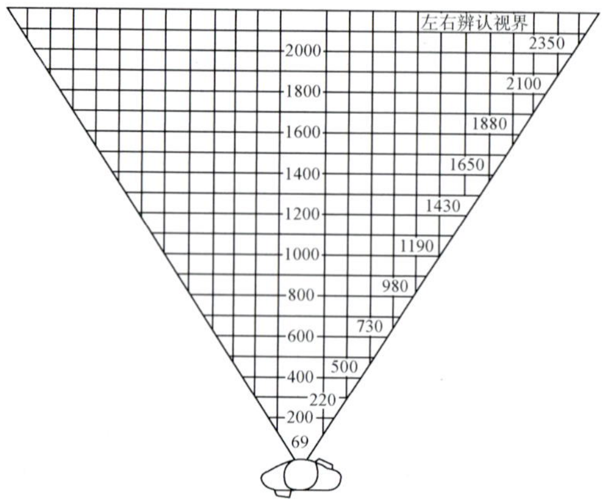

图2–37　陈列品与水平视线关系

图2–38　展示空间案例

1. 考虑展示陈列的设计尺度和比例

与陈列关系密切的尺寸有：身高、眼睛的高度、垂直手握高度、最大人体宽度、最大人体厚度、人的膝盖的高度、臀部到膝盖长度、膝间高度、坐着时的眼睛高度、高个子人的侧向手握距离等。

展示设计是按人的空间尺度进行设计的，在设计过程中应该注意：考虑材料的大小、高低、精细度、轻重；考虑展示陈列品与观众的视觉关系；考虑展示陈列的设计尺度和比例；考虑动态和静态的关系等。展示柜台的尺寸由展品、环境、人、道具自身结构、材料和工艺等要素所限定。以下是商场营业厅各种陈列货架尺寸：

（1）双背立货架：厚 600 ～ 800 毫米，高 1800 ～ 2300 毫米。

（2）陈列地台高：400 ～ 800 毫米。

（3）敞开式货架：400 ～ 600 毫米。

（4）放射式售货架：直径 2000 毫米。

2. 考虑动态和静态的关系

人体尺度一般是反映人体活动所占有的三维空间，包括人体高度、宽度、胸部前后径，以及各肢体活动时所占的空间大小。而物品受欢迎程度和推荐程度也应该列入柜台考虑的范围内。为了取、放方便，常用物品应该放置在 700 ～ 1850 毫米的高度范围内，这样使用者在操作过程中才会感觉舒适。柜台的进深也不宜过大，400 毫米为最佳。

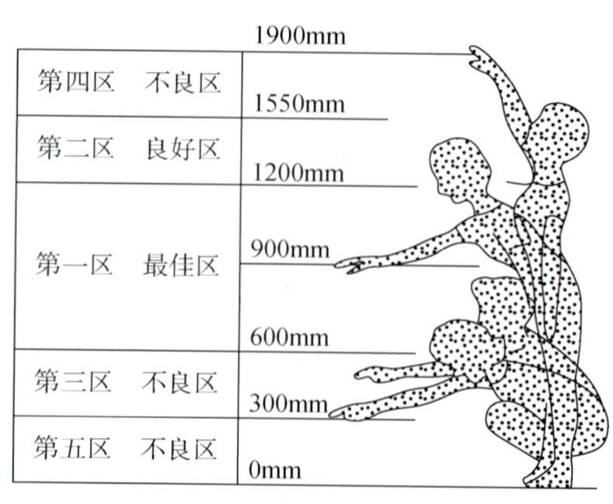

图2–39　展示区位优良分析

在柜台展示中，人的基本行为是观看、选取与行走，因此了解人体在展示空间中的行为状态和适应程度，是确定各项空间设计和展具设计的依据。总结来说，就是人体尺度是人体工程学最基本的内容，环境和柜台是为人服务的，也就必须在各种空间尺度上符合人体的尺度。所以在柜台的安排上首先要考虑到人的生理的舒适感，避免弯腰或其他不自然地身体姿势，在一些活动区可以很自然地完成某些动作。（图 2–39）

第三节　商业空间动线与导视系统设计

一、理论基础

1. 商业空间动线设计

商业空间的动线设计，是指人在商业空间中，因为行动而产生的行为路线，或者可以理解为人在空间中移动的点的连接。一个脚印即一个点，一连串的脚印连接起来即线。动线是建筑与室内设计中的专业用语之一，也是商业空间设计中需要考虑的重点内容之一。

对于商业空间的动线设计而言，最重要的是要让人行走舒适，且不会有迷路的困惑，在此基础上，再进行合理的店铺规划，避免视觉死角，让人在行走的过程中可以关注商品，并且安全。总而言之，商业空间的动线是让人在不知不觉中逛遍空间中的每个角落，且路线指示明确。

在商业空间的动线设计时，需要结合建筑的内部空间。建筑设计是动线的骨架，室内空间设计是血肉。在建筑设计本身不存在硬伤的情况下，就需要着重于室内空间动线设计对人流动向的引导作用，例如，利用色彩、照明、小品装饰、地面铺装等。如果建筑本身存在问题，则可以通过对室内空间动线的设计加以改进或规避，以弥补建筑设计的瑕疵。

商业空间的动线设计主要包括：平面人流动线、垂直人流动线以及两者的结合。

（1）商业空间动线设计的注意事项

动线在商业空间项目的设计中是非常重要的内容，好的动线，流畅而又丰富，不好的动线则容易让人茫然无措、找不到方向、产生不好的体验，从而心生厌烦。

①设计原则：长条地块用单线，方形地块用环线。动线设计一般根据场地大小及形状来决定，若是面积较小、长型的建筑，则采用单线设计，一方面不会显得拥挤，另一方面可扩大展示的视野。若面积较大，或者是方形的建筑空间，如商场内部空间等，则可采用环形设计，进深较大的商场还可用中庭连接，调节消费者的视线。

② 设计误区：复杂才丰富。值得注意的是，很多设计师在动线设计时为追求空间的丰富，会盲目地增加一些隔断、隔挡、特意绕路，这其实是走进了动线设计应当“丰富”的误区。过于复杂的空间环境容易给人混乱感，丰富的空间动线并不是要求空间多么复杂，而是追求简单多变。一成不变直来直往的空间虽然简单但未免过于乏味，稍加一点曲线既可保持方向统一，增加人的探索欲望，还不会显得单调。

③ 弧度设计：讲究移步换景。动线的弧度设计是指在动线设计过程中不要过于直白，适当增加弧度，阻隔行人的一部分视线，再往前走便可以逐步展开，达到“移步换景”的效果。但即便是曲线的设计，也要满足“简单”，即前进路线清晰明了。若动线设计过于复杂、选择太多、方向不明，就会让人失措、找不到竖向交通，或在复杂的动线里迷路，等等。因此，对于曲线的运用也要适当把控。

④ 标准设计：每 200 米应该设“休息区”。对于大型的商场而言，动线的设计还应当考虑行人的休息问题，如每隔 200 米应当设计一个休息点，设计很多可供消费者休息的座椅，或在这些节点上设置咖啡店、水吧、蛋糕店等，都会起到很好的效果，甚至也可以将这些休息区与卫生间所在节点结合，既是休息区，也可以是卫生间等候区。总之，要综合商场情况进行设计。

⑤ 做动线前要了解项目招商和定位。设计动线之前要与甲方沟通好项目的设计定位。例如，大型的商场需要提前了解商铺的规划及招商定位，便于在设计动线时考虑每个店铺的种类及位置，进行相应的设计规划。对于小型的店铺而言，如餐饮空间动线的设计，则需要提前了解空间的主营业务，餐厅内部区域划分、面向的消费人群、餐厅消费水平定位、饮食氛围预想与拟定等，从而根据综合分析的结果进行动线设计。

（2）商业空间动线设计参考原则

① 人流动线的规划原则

A. 注重动线的内外沟通，流线清晰。

B. 注重人流的平均分配关系，动线自然流畅。

C. 注意避免空间视觉死角。

D. 合理设计各主次动线的宽度。

E. 主动线与各功能分区、各主次入口、外围主干道等都能够顺畅连接。

F. 各主次店铺之间能够顺畅连接。

② 商场电梯布局的规划原则

A. 扶梯布局原则。商场扶梯的布置数量及位置选择等问题，要充分考虑到有效疏散运载人流，且注意不要遮挡或影响商铺的正常运营，最好同时能够增加顾客上下电梯时所能浏览到的店铺数量。

B. 垂直电梯的布局原则。垂直电梯一般可按需要合理地分布在购物中心四周，并且不影响整体设计，能够有效进行人群疏散。需要注意的是，人流在等电梯的过程中，不能对主次干道及其他商铺造成影响；中庭观光梯的设计要与整体形象保持一致、协调，并不得影响店铺的可见性。

C. 电梯出入口尽可能与主动线、主力店出入口顺畅连接。

2. 商业空间导视系统设计

（1）人的行为特征研究。导视系统设计的主要目的是给消费者指引明确的行进路线，是引导与指引的过程，是“导”与“识”之间的关系，因此导视系统也可以称为导识系统。目前国内很多设计师在进行导视系统设计时缺乏对材料的认识，导致材料使用不当，或难以达到较好的设计效果。同时，也缺乏对“识”的认知，缺乏对消费者的行为习惯及行为特征的研究。好的导视设计，都是在充分了解消费者的行为习惯之后，选择恰当的设计形式和设计材料，最大限度地发挥导视系统的作用。

① 人的步行距离。研究表明，人们连续行走 200 米以内会感觉舒适满意，连续行走 300 ～ 500 米也可以接受，然而连续步行超过 500 米就会产生厌烦的情绪。因此，在商业空间的设计过程中，每隔 200 米左右的休息区的设计就非常重要。在导视系统的设计中，休息区也是不能忽视的存在。除了利用导视系统提醒消费者休息区位置之外，还可以利用休息区进行商场总体布局。

② 人的左转弯习惯。人的行为习性，是由于人体的生理结构或在某些特定环境条件下形成的某种惯性，成为人们的行为本能。人具有左转弯、走捷径、识图形，以及遇到非常状态本能地躲避、向光、追随等行为习性。尤其是在商场等大型商业空间，人流相对密集的地方，更应当注重人的行为习惯。例如，根据人的左转弯习惯，适当拓宽左侧通道，可以理顺人流，加快人流速度，避免局部阻塞。在商场的自动扶梯的设置上，则更应该注意这一点。

（2）基于人的行为特性的导视系统设计原则。基于以上的行为种类的分析及行为特性的研究，商业空间的导视系统设计应遵循以下原则：

①连贯性原则。商业空间的导视系统设计应具有连贯性，在每隔一段间隔区域之后，就应当设置一个以引导为目的的标识指引，并且要具有一定的连贯性，让消费者可以轻易地理解二者之间的前后转乘关系。另外每隔一段距离还应当设置商业空间全貌的导视牌，以让消费者可以随时明确自己所处的位置，并对商业空间总体面貌有清晰的认知。

②可达性原则。可达性即到达一个目的地可以选择的路径数量和它们的便捷程度，这在导视系统的结构组织中具有重要的意义。人是使用导视系统来认知空间的。每个人都是具有不同的文化背景、不同的生活习惯、不同的年龄以及不同需求的主体。因此，在进行导视系统设计时，应当从人的需求出发，考虑到不同的人可能面临的不同选择，增加导视路径指引的数量，减少阻碍和干扰，为不同需求的人群提供最为便捷的行进路线。

③诱发性原则。诱发性原则是根据人的行为习惯进行设计，有目的地组织诱发人的一些相应活动。恰当地对空间进行设计，可以让人按照预想的行为进行活动。因此，导视系统除了要指引人们想去的地方，还要通过人的行为习惯设计和组织诱发某些活动的发生，满足人们潜在的活动需求。

由于活动本身具有不确定性，例如有的活动是有目的地去完成的，而有的活动则是偶然发生的，具有随机性，换言之，消费本身既具有目的性又具有随机性。因此，在对空间导视系统进行设计时，可以有目的地创造这种随机消费的条件，诱发本身具有相应消费动机的人自发性地产生消费活动。适当的空间可以诱发相应活动的发生，将互相不干扰的一些人和活动合并在一条路径上，还能激发更多新的活动。

总之，导视系统除了要具备指引功能，还要标识出同一空间的多种使用方式，或者不同状态和时间内的不同使用方式。通过设计和组织诱发某些活动的发生，满足人们潜在的活动需求。

④有效性原则——可见性、可理解性、可印象性。可见性是指导视系统要求在一定距离范围内可以清楚看到其所要传达的内容。影响导视系统可见性的因素有：字体大小、背景色彩、比例、距离、光线、材料的运用等，因此设计过程中要多加注意。

可理解性是指导视系统传达的内容应该以大多数人能够理解为前提。消费者由于年龄不同，文化水平差异较大，生活背景和消费观念也不同，对导视系统所传达信息的理解就不同。这要求导视系统设计时要充分考虑各类人群的信息接收特性。

可印象性要求导视系统具有鲜明的风格特点和尽可能简明的文字表达，使用形象的符号、情节化的图式或配以解释性的插图，可以给消费者形成一定的印象，从而增强相关联的导视系统的识别性。

⑤功能原则。导视系统最根本的作用是导视、指引，帮助消费者快速、安全地到达目的地。因此设计的功能性是第一位的，导视系统的其他设计元素的选用都离不开这一根本性目的。设计时首先要在市场定位、目标群体、商业类型、所在地理位置、消费水平定位等方面做出准确的分析。导视系统设计中所应用的文字、图形、颜色和象征符号元素都应当充分传达它的直接意义。

一般而言，导视系统中那些高度概括、简洁、生动地反映了对象基本特征的图形和符号形象，更能准确有效地传达信息，更能加快符号的识别速度。但是，部分商业空间以快速传达信息的文字为主，例如大型超市，其导视系统的设计要求及时高效，使用醒目的文字最为直接快速，在信息沟通中这类文字被称为快速识别艺术字体。

⑥系统性原则。商业空间导视系统的设计还应遵循系统性原则，包括整体视觉的连续性以及相关系列的设计等。例如商业空间中的指路标识、信息标识、辅助标志等设计内容的材料、形式、色彩等各方面的一致性。换言之，导视系统不是单一的道路指示牌的设计，还包括灯箱、卫生间标识、停车场指引、休息区、平面图道路索引等。系统性原则的另一层意思是导视系统的设计过程中牵涉较多的学科，如人体工程学、心理学、美学、营销学，等等，需要在设计之前综合应用各门学科知识对导视系统进行整体的、全面的分析。

⑦统一性原则。商业空间导视系统设计的统一性也是非常重要的，若是设计杂乱，不仅缺乏美感，还会增加消费者的辨识难度。因此，在同一导视系统内的设计应保持统一的设计风格。第一是要确定所有的设计元素，在系统内保持一致性。第二是提供统一的信息类型和设置的位置。第三是信息提供方式统一。一般而言，导视系统的信息主要以二维平面的文字、图形、符号等来传达，目前也有使用电子屏的。

综上所述，商业空间的导视系统设计需要遵循一定的设计原则，还应当结合实际状况来进行设计，切忌盲目。设计需要做到“以人为本”，根据人体工程学原理，合理进行布局规划。

（3）导视系统设计要点。此处以商业空间中商场导视系统的设计为例。商场的经营持续与否，与商场的效益密不可分，而导视系统的好坏，对商场效益有直接的影响。商场导视系统设计的具体内容有点、线、面的设计，点即点位规划，线即造型设计，面即信息传达设计。

①商场导视系统设计设置的位置——点位规划。导视系统最终会具象为一个个标识，标识又需要具体到一处处空间位置中，因此，我们利用导视对消费者行为进行引导就需要规划好每一处标识所在的点位。

在关键的位置设置合理的导视，能够更加科学有效地发挥导视系统的作用。（图 2-40）

图2-40　导视系统点位

②商业空间导视系统设计载体的形式——造型设计。造型设计是指信息载体的具体形式设计，导视系统的性质要求这个导视载体具有极强的可视性及表现力，但事实上，在设计过程中导视载体还会受到空间性质、建筑装饰环境、空间整体风格等的限制。因此，好的导视系统设计需要在两者之间找到一个平衡点，载体造型及色彩的设计既需要与整体空间与环境相协调，又需要在整体空间中能够被消费者轻易找到，满足醒目、美观、安全、易于维护的要求。（图 2-41）

图2-41　导视系统造型设计

③商业空间导视系统设计信息的传达——版面设计。结合空间相关信息内容和识别距离，来设定具体的文字字体、文字尺度、色彩关系、图标、照明方式等要素，实现版面设计的认知性和可读性。（图 2-42）

图2-42　导视系统版面设计

二、设计整改

本项目是一所沃尔玛连锁超市某店的内部设计。超市所在建筑本身不规则，且是固定单梯上下的建筑结构，如何将这样一个充满四角，竖向沟通，结构单一、固定的空间设计成动线流畅、过渡自然的超市空间，是本案中的设计难点。（图 2–43）

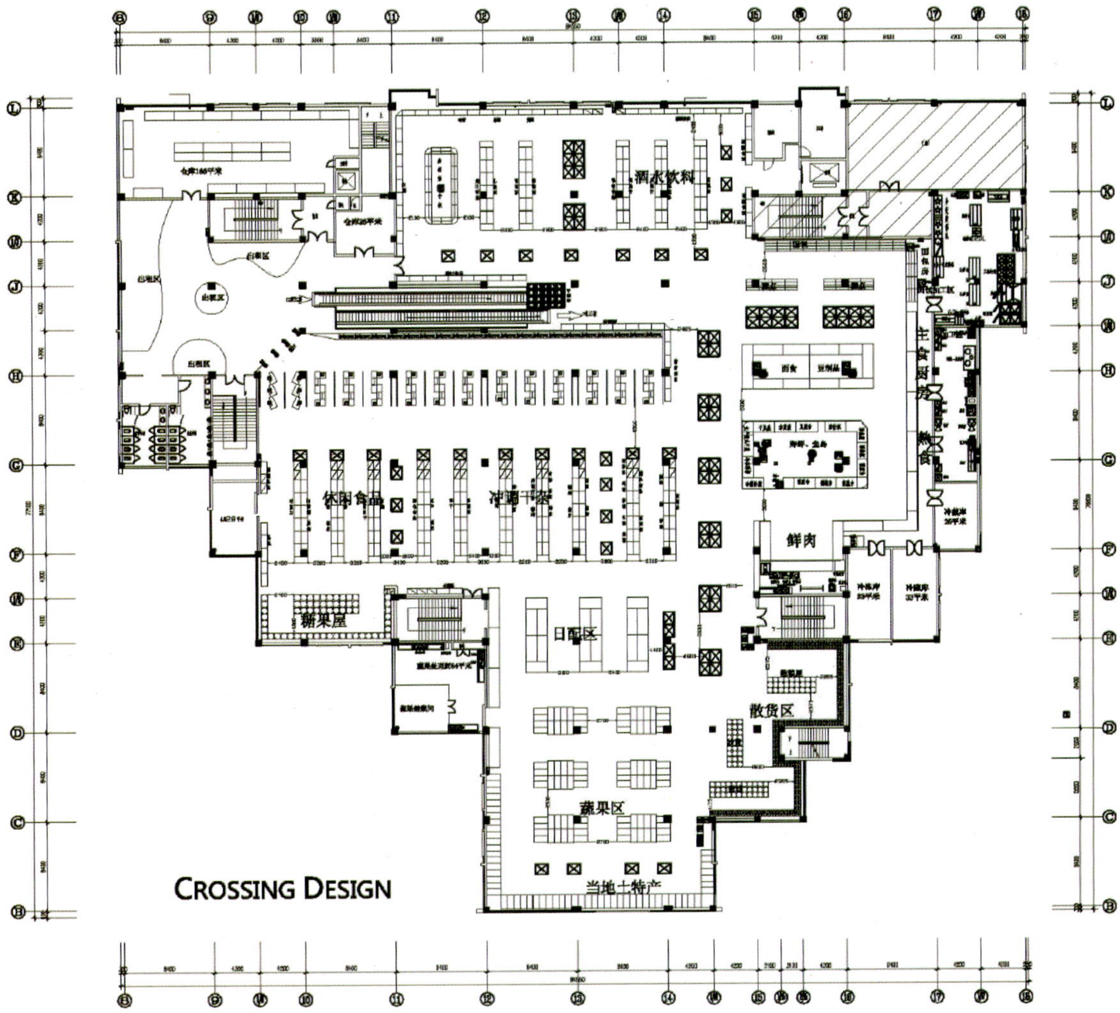

三层平面图　1:150

图2–43　沃尔玛三层平面图

初谈设计方案时，客户告知设计师，电梯位置可以根据需要进行相应的改动，但咨询物业后发现，电梯位置不允许修改，而设计图纸预交时间仅有 10 天。在如此紧迫的条件下，超市布局只能从建筑本身现有的条件中找寻方案。

方案开始设计之前，设计师针对周边的情况，如交通情况、人口数量、临近商圈，以及顾客消费习惯、主要竞争对手等做了相应的调查及分析，并且与经营方深入洽谈，了解超市未来的经营理念及运营目标等。

对以上所得信息进行整理后，设计师根据业主的经营范围，开始对超市进行整体规划。与客户沟通后，确定一楼为外租区，主要经营小型家电、手机、数码产品、高档化妆品、珠宝首饰等；二楼、三楼为超市内部经营空间。这是设计的第一步。

设计的第二步：对一楼经营空间的动线设计进行具体规划，根据商品的属性对一楼空间区域进行了划分，如大小家电归于同一区域，数码、电子、手机等产品归于同一区域，高档化妆品因其具有高附加价值、消耗速度快，需要精致的装修衬托产品的档次定位，设置在一楼较为显眼的区域。另外，为顾客进入二楼超市主卖场预留了主要通道动线，主通道与各区块之间的距离都保持在 3 ～ 4 米，为人流疏散做好准备。

设计的第三步：根据建筑自带电梯的位置及电梯的运行方向，进行人流动线分析，确定二楼、三楼超市的主入口及收银台的位置，规划超市客流动线。这一步也是超市设计中的重要一步，因为它决定了超市日后经营是否顺畅，人流动线是否畅通，是否存在销售死角等问题。整个设计过程耗时较长，设计者不断打印图纸，反复进行电梯动线及超市人流动线的模拟推演。根据电梯上下行的情况制定了若干套方案，并对每个方案进行了可行性分析，最终确定了超市入口及收银位置的最佳区域。最后在与客户的反复交流沟通中确定了客流动线的最佳方案。为下一步内部空间组织做好框架。

设计的第四步：规划超市经营商品的区块面积及商品过渡之间的衔接。前面已经规划好超市的主动线，这一步就要从主动线的入口一个区块一个区块地“填充”商品。过渡衔接区域的商品选择图书音响、办公用品、家用百货、休闲百货等；主通道和收银台之间的商品是季节性服饰、一般性服饰、针织床上用品、鞋类、洗护用品、酒水饮料、休闲食品、干杂调味、生鲜加工、日配等。商品区块经营面积的划分需要设计者对商品性质及商品品类占比有较深的了解，初学者可以让商品部提供相应的产品占比信息。需要注意的是，设计时需要舍弃一些不适合营业的区域面积作为超市的仓库，或把一些可利用边角规划为一个品类专属区域，变死角为流动区域。

从二楼上到三楼后，沿动线到达超市底部，这个地方在理论上是超市的死角，通过设计师的设计“变废为宝”，将死角区域变为了流动区域。为了让这个区域流动起来，在规划设计时不使用高货架，而是规划设计为蔬果区、散货区、日配区。因为没有货架的遮挡，顾客可一目了然看到整个区域的商品；而且蔬果区、散货区、日配区也是顾客进入超市后必到的区域。临近蔬果生鲜区的是休闲食品和杂货区，方便顾客在采购生鲜之后购买小点心、油盐酱醋等商品。顾客购完所有商品，进入收银区买单出门。整个动线设计流畅，符合消费者购物习惯，且充分利用了原建筑结构中的死角区域。在收银台外靠电梯位置设有一排柜式出租区，销售一些小物件；三楼下二楼电梯口也有 300 平方米出租区。

经过上述各步设计，超市布局设计雏形就完成了，剩余的工作就是添加商品分类和布局的局部细节，这通常需要超市商品部的协助。

三、经典案例赏析

1. 商业动线设计案例——广州天河城购物广场

天河城是由广东天河城（集团）股份有限公司投资、建设、开发、经营管理的大型购物中心。项目位于广州市地铁 3 号线两条支线的交叉点，同时是地铁 1 号线与广州机场快线的转接站，地理位置优越，占据天河商圈的中心位置，毗邻广州 CBD 中央商务区、天河体育中心和广州火车东站，60 多条公交线路在此设站，交通极为便利。

天河城动线设计选择为环形（双）模式（图 2-44），在图中的动线显示中，回环度较低，然而在实际情况中，由于天河城的中庭比较空旷，中庭可见性较高，且四个入口到中庭的过道宽阔，因此在外环就能够看到相当部分的店铺，可见性回环度可达到 90%。但因为中庭的存在及面积影响，可达性回环度较低。

另外天河城的动线设计中，四个入口分别正对东南西北四个方向，且临路，内部动线设计为内外连各个回环动线，中庭及过道宽阔有序，对于消费者来说很容易找到方向，不会因迷失方向而影响购物情绪。

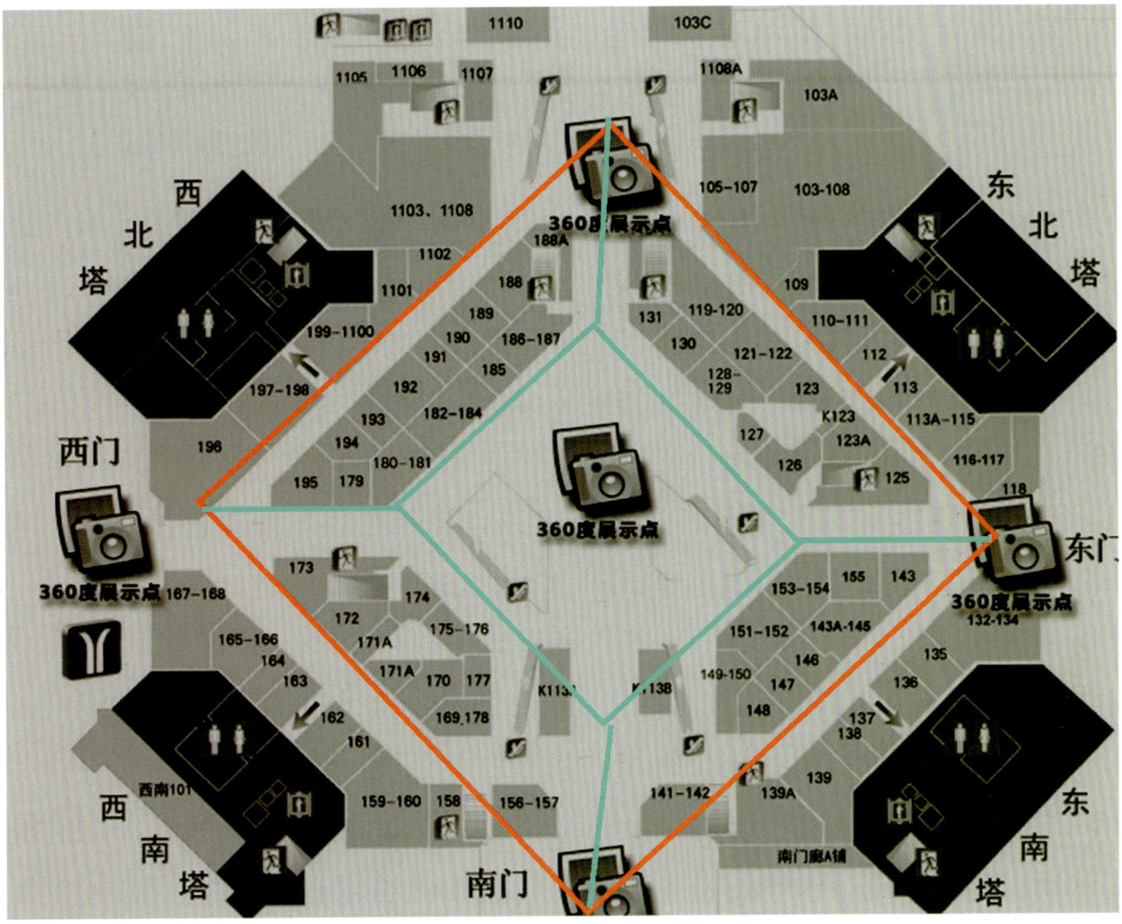

图2–44　广州天河城购物广场1F动线图

2. 导视系统设计案例——香港 H.A.N.D.S 商场

香港 H.A.N.D.S 商场 20 世纪 80 年代建于屯门，由两座独立又连通的商场组成，客源以周边居民为主。2014 年为了吸引年轻一代的消费者，领展房地产邀请设计师重新对商场的导视系统进行了设计。设计师从消费者的角度出发，重新设计策划了全套的导视系统，在其中融入了醒目的视觉图标体系。（图 2–45）

图2–45　H.A.N.D.S 导视系统

因 H.A.N.D.S 商场是两座商场的联通，所以设计师在设计方案时，为保证功能的有效实现，进行了统一视觉形象的设计。

为了深入理解用户需求，设计师对商场进行了深入考察，并且对导视系统存在的问题进行了详细记录，与客户及项目设计团队进行了多次会议讨论，最终确定对品牌形象、视觉形象、环境图案、导视系统等用同一种视觉形象进行设计。

为了解决由于多重分区带来的路线复杂问题，改善空间的通行顺畅程度，设计组还为本项目设计了一套有趣的平面图案，统一商场的视觉效果，让商场更具活力。（图 2-46、图 2-47）

图2-46　H.A.N.D.S 导视系统分区

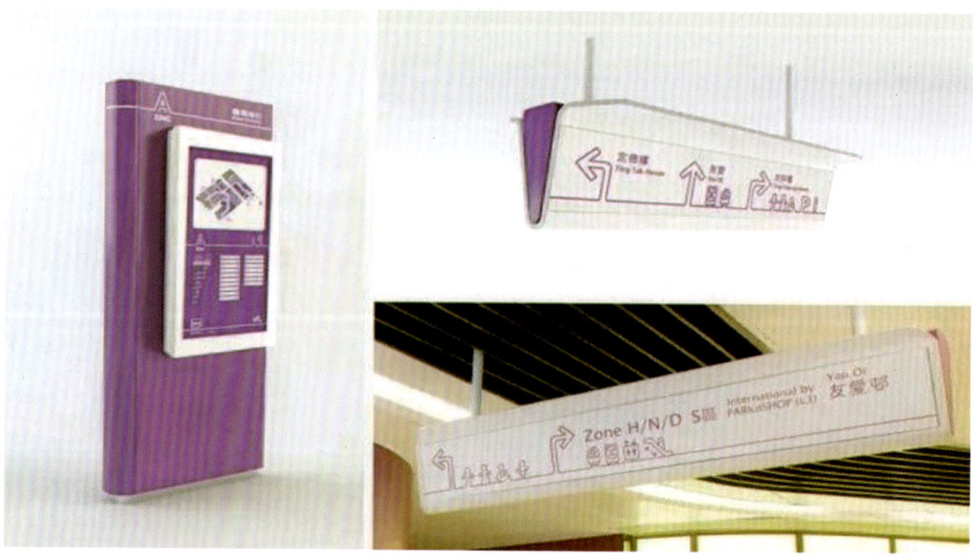

图2-47　H.A.N.D.S 导视系统应用

设计组以轻松诙谐的图案语言、明亮醒目的视觉色彩设计了一套亲切友好的视觉形象，并且受到建筑流通性的启发，其图标体系也以一条完整的流线贯穿整个商场空间。同时，为了保证商场布局的清晰醒目，设计组对商场空间进行了区域划分，以 H.A.N.D.S 为代号，以不同的色彩加以区分，将商场划分为五个区域，每个区域对应一种色彩及代表字母，既方便了顾客的动线辨识，又增加了大众对品牌的认知。

为了给客户提供清晰直观的路线指引，设计组设计了一套既可以用于室内作为电子导视的标识，又可以作为户外大型指示牌的不同规格的设计语言，保证了客户通行上畅通无阻的视觉体验。

第四节 商业空间消防系统设计

一、理论基础

1. 商业空间消防布局规范

商业空间的使用功能复杂，设备种类繁多，人员集中。为保证安全，国家对消防布局有一定的要求。消防布局在建筑设计和施工时都需经消防部门的审批和验收，因此必须按消防规范安排。

高层建筑，每层每个防火分区最大允许面积为 1000 平方米。设有自动灭火设备的防火分区的面积可增加一倍，达到 2000 平方米。

《建筑设计防火规范 GB50016-2014（2018 年版）》根据我国一些高层建筑对防火分区划分的实际做法，并参照国外有关标准、规范资料，将防火分区的面积规定为以下几种情况。

一类高层建筑，如高级旅馆、商业楼、展览楼、图书情报楼等，以及高度超过 50 米的普通旅馆、办公楼等，其内部装修、陈设等可燃物多，且有贵重设备，设有空调系统等，一旦失火，容易蔓延，危险性比二类建筑大。因此，将一类高层建筑每个防火分区最大允许建筑面积规定为 1000 平方米。

二类高层建筑，如普通旅馆、住宅和办公楼等建筑，内部装修、陈设等相对少些，火灾危险性也会比一类建筑相对少些。其防火分区最大允许建筑面积规定为 1500 平方米。

地下室规定建筑面积 500 平方米为一个防火分区。因为地下室一般是无窗房间，其出口的楼梯既是疏散口，又是排烟口，同时又是消防扑救口。火灾时，人员交叉混乱，不仅造成疏散扑救困难，而且威胁地面建筑物的安全。因此，对地下室防火分区的面积要求严是必要的、合理的。

规范规定的防火分区面积，如设有自动喷水灭火设备，能及时控制和扑灭初起火灾，能有效控制火势蔓延，使建筑物的安全程度大为提高。对设有自动喷水灭火系统的防火分区，其最大允许建筑面积可增加一倍；当局部设置自动喷水灭火系统时，则该局部面积可增加一倍。（表 2-3）

表2-3 不同耐火等级建筑的允许建筑高度或层数、防火分区最大允许建筑面积

名称	耐火等级	允许建筑高度或层数	防火分区的最大允许建筑面积（m^2）	备注
高层民用建筑	一级、二级	按《建筑设计防火规范》确定	1500	体育场馆、剧场的观众厅，防火分区的最大允许建筑面积可适当增加
单、多层民用建筑	一级、二级	按《建筑设计防火规范》确定	2500	
	三级	5层	1200	
	四级	2层	600	
地下室或半地下建筑（室）	一级	—	500	设备用房的防火分区最大允许建筑面积不应大于1000m^2

2. 商业空间消防布局常见问题

商业空间作为现代人生活、购物、社交的重要场所，对消防规范要求非常严格。全面了解和掌握消防知识，是每个商业地产规划人和设计师必须具备的素质。

（1）商场的火灾危险性。

①营业大厅面积大，且每层空间上下连通，容易造成火灾蔓延扩大。

②可燃商品多，容易造成重大经济损失。

③商场人员聚集、流动量大，容易造成重大伤亡。

④电气照明设备多，导致火灾的因素多。

⑤扑救难度极大。

（2）商场电器照明设备的火灾危险性。商场内电气照明设备的火灾危险性按照明设备的功能和用途有以下特点：

①安装在商场顶、柱、墙上的照明、装饰灯，多采用带装方式或分组安装的荧光灯具，有些商场采用满天星式深罩灯。这些灯具都采用埋入式安装方法安装在吊顶里面，数量比较大，且荧光灯的镇流器易发热起火，深罩灯如采用功率较大的白炽灯，其散发的热量也易引燃附近的可燃物。

②安装在商品橱窗和柜台内的照明灯具，除了荧光灯，还有各种射灯。射灯除采用冷光源的以外，其他光源的射灯表面温度都较高，足以将可燃物引燃。

③商场内和商品橱窗里除了安装大量广告霓虹灯和灯箱，有的还安装了操纵活动广告的电动机和霓虹灯的变压器，因而有较大的火灾危险性。

④在节假日，商场内外还要临时安装各种彩灯，增添节日气氛。

⑤商场经营照明器材和家用电器的柜台，为了测试的需要，还装设有临时的电源插座，没有空调系统的商场，在夏季还大量使用电风扇降温等。以上各种电气、照明设备，品种数量之多和线路错综复杂程度，都是其他公共建筑难以比拟的，加上每天营业时间长，如若设计、安装、使用不慎，极易引起火灾。

⑥其他致灾因素也很多，如有的商场为了方便用户，还附设有服装加工部，家用电器维修部，钟表、眼镜、照相机等修理部，这些门店常常需要使用电熨斗、电烙铁等加热器具。

（3）商场火灾扑救难度大。商场发生火灾，可燃物多，空间大，蔓延快；顾客向外疏散，消防人员逆方向进入扑救，抢救和疏散人员、扑灭火灾都相当困难；加之发生火灾后，由于浓烟和高温，使消防人员侦察火情困难，难以迅速扑灭火灾。

（4）商场耐火等级要求。根据国家有关消防技术规范规定，新建商场的耐火等级一般应不低于二级，商场内的吊顶和其他装饰材料，不准使用可燃材料，对原有建筑中可燃的木构件和耐火极限较低的钢架结构必须采取措施，提高其耐火等级。商场内的货架和柜台，应采用金属框架和玻璃板组合制成。

（5）商场内人员通行和安全疏散通道面积要求。保证人员通行和安全疏散通道面积。商场营业厅人流量大，所需的面积应予充分考虑。这方面目前国内尚无规范明确规定，但根据实际情况和参考国外经验，货架与人流所占的公共面积的比例：综合性大型商场或多层商场一般不小于 1 ∶ 1.5；较小的商场最低不小于 1 ∶ 1。人流所占公共面积，按高峰时间顾客平均流量人均占有面积不小于 0.4 平方米计算。柜台分组布置时，组与组之间的距离不小于 3 米。

（6）商场防火分区划分。商场应按《建筑设计防火规范》和《高层民用建筑设计防火规范》的规定划分防火分区。多层商场地上按 2500 平方米为一个分区，地下按 500 平方米为一个防火分区；如商场装有自动喷水灭火系统时，防火分区面积可增加一倍；高层商场如果设有火灾自动报警系统和自动喷水灭火系统，并采用不燃或难燃材料装修时，地上商场防火分区面积可扩大到 4000 平方米，地下商场防火分区面积可扩大到 2000 平方米。

（7）商场贯通上下楼层的孔道、井道防火分隔要求。对于电梯间、楼梯间、自动扶梯等贯通上下楼层的孔洞，应安装防火门或防火卷帘进行分隔；对于管道井，电缆井等，其每层检查口应安装丙级防火门，且每隔 2 ～ 3 层楼板处用相当于楼板耐火极限的材料进行分隔。当商场所在建筑高度超过 100 米时，要在每层楼板处进行分隔。

（8）商场日常防火管理要求。商场应按照《消防法》的要求，认真履行消防安全管理职责。商场的法定代表人或行政负责人应当负责商场的防火安全管理工作，是商场的防火负责人；商场应建立健全消防安全管理制度、消防安全操作规程，并抓好落实工作；商场应建立逐级防火安全责任制，签订防火安全责任书，尤其是对出租柜台、商店，其防火安全工作必须分清责任，纳入商场的统一管理之中；商场应配备必要的专兼职消防安全管理人员，具体抓好本商场的消防安全工作，要定期对本商场的职工及重点工种人员进行消防安全教育培训，经常组织防火安全检查，及时消除火灾隐患；要建立健全义务消防组织，制定灭火预案及应急疏散预案，并定期组织演练；设有自动消防设施的商场要建立定期检查测试、维修保养制度，并加强消防控制操作人员的培训和值班检查；要定期检查维护保养消防器材，使消防器材能完好使用；要建立防火档案，对商场的防火工作情况认真记载。

（9）商场对明火的管理要求。商场的顾客流量大，顾客中不乏吸烟者，随意乱扔烟头往往会造成火灾。因此在商场中应禁止吸烟，并设置禁止吸烟标志牌。商场在设备安装、检修，柜台改造过程中，营业区与装修区之间应进行防火分隔，动用电气焊割作业时，应在作业动火前，履行用火审批制度。现场必须有人监护，备有消防器材，做好灭火准备。

（10）商场对易燃品的管理要求。商场内经营指甲油、摩丝、打字纸、丁烷气等易燃危险商品时，应控制在两日的销售量以内，同时要防止日光直射，与其他高温电热器具隔开，妥善进行保管。地下商场严禁经营销售烟花爆竹、发令枪纸、汽油、煤油、酒精、油漆等易燃商品。钟表、照相修理等作业使用酒精、汽油等易燃液体清洗零件时，现场禁止明火。对日用少量易燃液体，要放至封闭容器内，随用随开，未用完的送回专用库房，现场不得储存。

（11）安全疏散的重要性。安全疏散是建筑物发生火灾后确保人员生命财产安全的有效措施，是建筑防火的一项重要内容。如何根据不同使用性质、不同火灾危险性的建筑物，通过安全疏散设施的合理设置，为建筑物内人员和物资的安全疏散提供条件，是建筑防火设计的重要内容，应当引起重视。因此，只有按照国家有关消防技术规范的要求进行设计、施工、管理和消防监督，才能保证建筑物内人员和物资安全疏散，有效地减少火灾所造成的人员伤亡和财产损失。

（12）安全疏散设施。一般来讲，建筑物的安全疏散设施有疏散楼梯和楼梯间、疏散走道、安全出口、应急照明和疏散指示标志、应急广播及辅助救生设施等。对超高层建筑还需设置避难层和直升飞机停机坪等。

（13）楼梯间的形式。作为竖向疏散通道的室内、外楼梯，是建筑物中的主要垂直交通空间，是安全疏散的重要通道。楼梯间防火和疏散能力的大小，直接影响着人员的生命安全与消防队员的救灾工作。因此，建筑防火设计，应根据建筑物的使用性质、高度、层数，正确运用规范，选择符合防火要求的疏散楼梯，为安全疏散创造有利条件。根据防火要求，可将楼梯间分为敞开楼梯间、封闭楼梯间、防烟楼梯间和室外楼梯间四种形式。

（14）楼梯间设置的一般要求。

①楼梯间的布置，应满足安全疏散距离的要求，并尽量避免形成袋形走道。

②楼梯间应靠近标准层或防火分区的两端布置，以便于双向疏散。

③靠外墙设置，便于自然采光、通风和消防人员开展援救行动。

④除与地下室连通的楼梯和超高层建筑中通向避难层错位的楼梯外，疏散楼梯间在各层的位置不应改变，要上下直通，不变动位置。首层应有直通室外的出口。楼梯间位置变更，遇到紧急情况时人员不易找到楼梯，延误疏散时间，造成不应有的伤亡，特别是宾馆、饭店、商业楼等公共建筑。

⑤地下室、半地下室楼梯间与首层之间应有防火分隔措施，且不宜与地上层共用楼梯间。一般应在首层采用耐火极限不低于 2 小时的隔墙与其他部位隔开，并直通室外。必须在隔墙上开门时，应采用乙

级防火门。为确保人员迅速疏散，地下室、半地下室的楼梯间首层应直通室外。在首层与地下室、半地下室楼梯间设有防火分隔设施，既可有效防止疏散人员误入地下室、半地下室，又能阻挡火势、烟雾蔓延。

⑥楼梯间及其前室内不应附设烧水间、可燃材料储藏室、非封闭的电梯井、可燃气体管道和甲、乙、丙类液体管道，并不应有影响疏散的突出物。

⑦疏散楼梯间和走道上的阶梯应符合安全疏散要求，不应采用螺旋楼梯和扇形踏步。螺旋楼梯和扇形踏步，因踏步宽度变化口紧急情况下易使人摔倒，造成拥挤，堵塞通行，因此不应采用。由于建筑造型的要求必须采用时，踏步上下两级所形成的平面夹角不超过 10°，且每级离扶手 250 毫米处的踏步其宽度不应小于 220 毫米。

⑧居住建筑内，可燃气体管道不应穿过楼梯间，如必须穿过时，应采取可靠的保护措施。

3. 商业空间消防布局的设计要点

（1）消防优化的工作要点及准则。关于消防优化，尽管开发商和建筑师的出发点不完全相同，但在很多原则问题上意见是一致的，可以归纳为以下三点，这三点也是在整个消防优化设计过程中的工作要点及准则。

①尽量减少防火分区的个数、减少防火卷帘的设置。

②疏散走道的设置要尽量少、尽量窄。

③优化机房、管井、百叶、消防设备等的位置。

（2）防火分区的划分。首先，防火分区的划分是建立整个消防体系最根本、最关键的一步。对于一幢建筑，防火分区的划分方案和建筑本身的设计方案都可以是多种多样的。最合理的划分方案一定是对室内空间影响小的，后续设计自由度大的，投资及管理成本低的。根据我国现行的《建筑设计防火规范》和《高层民用建筑设计防火规范》，商店防火分区最大允许建筑面积见表 2–4。

表2–4　商场防火分区最大允许建筑面积

	位置	防火分区最大允许建筑面积（m^2）	前提条件
建规（一、二级耐火等级）	地上	5000	建筑内设置自动灭火系统
		10000	设置在单层建筑内或多层建筑的首层；按规定设置有自动喷水灭火系统、排烟设施和火灾自动报警系统；内部装修设计符合现行国家标准《建筑内部装修设计防火规范》的有关规定
	地下	2000	设有火灾自动报警系统和自动灭火系统；建筑内部装修符合现行国家标准《建筑内部装修设计防火规范》的有关规定
高规	地上	5000（裙房）	高层建筑与其裙房之间设有防火墙等防火分隔设施；设有自动喷水灭火系统
		4000	设有火灾自动报警系统和自动灭火系统
	地下	2000	采用不燃烧或难燃烧材料装修

防火分区的个数要尽量少，这样分区机房和管井数量也相对会少，需要的防火卷帘必然也会少。

防火分区初步划分之后，防火卷帘的设置原则是：没必要的地方尽量不设。这样既可以为开发商节约投资及日常的运行、维护费用，也可以减少设备管线和防火卷帘交叉对净高的影响。防火卷帘的位置优化也至关重要，建筑师要最大限度地弱化防火卷帘对室内空间的影响，为室内整体化设计打好基础，为吊顶、门面等设计预留最大自由度。例如，在中庭处尽量沿板边设置；在人流主通道上尽量少设；尽量避开主入口、商铺门面等；并在重要空间附近采用无立柱式防火卷帘，等等。

（3）疏散走道的设计。疏散走道的设计是商业建筑的重中之重。商业建筑的特点是人流量大，所需的疏散宽度很大，对于疏散距离也有具体的要求。在商业动线两侧连续的商业界面中，为满足疏散宽度和距离的要求，不可避免地会设置打断界面的疏散走道以及通往商铺后方的安全出口。建筑师应该想方设法聚敛人气，弱化负面影响，营造商业氛围。

①疏散总宽度的计算。《建筑设计防火规范》对商场各层的疏散走道、安全出口、疏散楼梯的总宽度计算规定，可总结为表 2-5。

表2-5　商场各层的疏散走道、安全出口、疏散楼梯的总宽度计算表

楼层	面积折算最小值	疏散人数换算系数（人/m²）	每100人的净宽度（m/100人）（耐火等级一、二级）
地上第四层及以上各层	50%	0.60	1.00
地上第三层	50%	0.77	0.75
地上第一、二层	50%	0.85	0.65
地下一层	70%	0.85	0.75（与地面出入口地面的高差不超过10米）
地下二层	70%	0.80	1.00（与地面出入口地面的高差超过10米）
注：《高层民用建筑设计防火规范》规定：每层疏散楼梯总宽度应按其通过人数每100人不小于1.00米计算			

计算公式总结为：

每层所需的疏散总宽度 (m)= 该层营业厅面积 × 面积折算值 × 疏散人数换算系数 × 每 100 人的净宽度

通过计算求得各层所需的疏散总宽度后，各层设计的疏散总宽度不能小于该值。各层设计的疏散总宽度在一层为外门净宽之和，在其他层为疏散楼梯净宽之和。地上建筑中下层楼梯的总宽度应按其上层人数最多一层的人数计算；地下建筑中上层楼梯的总宽度应按其下层人数最多一层的人数计算。

② 疏散楼梯的布置。据规范要求，楼梯间的首层应设置直通室外的安全出口或在首层采用扩大封闭楼梯间。《建筑设计防火规范》规定，当层数不超过四层时，可将直通室外的安全出口设置在离楼梯间不超过 15 米处。由此可知，疏散楼梯首选的位置是靠近外墙处。同时，将靠近建筑中间的部分更多地留给商业动线空间的组织，以及环绕其布置的商铺，也有利于保持商业界面的连续性和完整性。疏散楼梯的分布应相对均匀且避开主入口，有利于主要空间和主力店的组织，以及疏散走道的布置。对于改造项目则只能结合现场情况进行设计。

疏散楼梯合理的净宽是非常重要的。在不小于规范要求的 1.4 米的前提下，并不是越宽越有利。因梯段越宽，相应的休息平台就越大，楼梯的体量也越大，并与结构柱网、疏散走道、疏散门的设计都会互相牵制。作为建筑的安全出口，规范对于室内任意一点至安全出口的疏散距离要求见表 2-6。

③安全出口的延伸及疏散走道的设置。如今的商业建筑因其不停地吸纳、组合越来越多的业态，而呈现出体量越来越大的趋势。当安全出口的位置难以满足内部疏散距离的要求时，可以将安全出口向建筑内部延伸，即将疏散楼梯间门或前室门或一层的疏散外门，以加长走道的方式推向建筑内部，以解决建筑进深过大时中心部分的疏散困难。同时，加长走道应按前室的标准设计。但需要注意的是，走道的长度需满足表 2-6 对带形走道的限制。

表2-6 商场直接通向疏散走道的房间疏散门至最近安全出口的最大距离（m）

	建筑设计防火规范（耐火等级一、二级）	高层民用建筑设计防火规范
位于两个安全出口之间的疏散门	40	40
位于袋形走道两侧或尽端的疏散门	22	20
	注：1.一、二级耐火等级的多层建筑物内的观众厅、展览厅、多功能厅、餐厅、营业厅和阅览室等，基室内任何一点至最近安全出口的直线距离不大于30米。2.建筑物内全部设置自动喷水灭火系统时，其安全疏散距离可按本表和本表注1的规定增加25%	
其他	房间内任一点到该房间直接通向疏散走道的疏散门的距离，不应大于表中规定的袋形走道两侧或尽端的疏散门至安全出口的最大距离	高层建筑内的观众厅、展览厅、多功能厅、餐厅、营业厅和阅览室等，其室内任何一点至最近的疏散出口的直线距离，不宜超过30米，其他房间内最远一点至房门的直线距离不宜超过15米

（4）设备的设置及优化。完成上述设计，消防体系已基本建立。最后的工作就需要各专业之间的协作以落位设备需求和优化位置。任何一栋建筑，都不能脱离设备而独立存在，而设备的机房、管井、百叶以及设施等，必然会占用一定的空间及位置。建筑师要在二者之间寻求一种平衡，既要让设备很好地为建筑服务，又要最大限度地弱化它们的影响。

①优化机房及管井的布置。机房应尽量靠建筑外围布置，便于组织进排风，也有利于整合商业空间。为把价值更高的面积留给商铺，地上部分应尽量把机房设置在使用层的上一层。如果有条件的话，可把顶层的机房设置在屋顶。在层高允许的情况下，可设置设备夹层，而把平层空间留给商铺。

机房与商业动线（即公共通道）之间宜留有至少 5 米的距离，以保持商业界面的连续性。管井应靠近楼梯间等实体墙布置，或尽量集中设置，以减少对商业空间的影响。设计时应充分考虑安装及检修条件，最好不设置在店铺内，因为不便于检修。改造项目在不得已的情况下，可采用管道安装后再砌墙体的方法。

②精细化进排风路径及消火栓的位置。在充分考虑经济性的前提下，尽量把进排风口设置在屋顶。当与其他建筑毗连时，需注意屋顶百叶等开口需满足消防距离的要求。如需在立面上设置百叶，应与立面设计元素很好地结合，并尽量避开主立面及主入口附近。如必须在对顾客感受影响较大的区域设置，宜尽量设置进风口，相对风速低、噪声小、面积小，并保证风口底距地面不小于 2 米。消火栓的具体位置应结合店铺的分隔等情况一并考虑，并应尽量避开重要空间，为内装设计打好基础。重点区域的暗装消火栓，可结合室内装修设计。注意不要设在防火卷帘下方，也不要影响疏散走道的净宽。

③所有专业确认落位作业图，深化落实所有细节，完成设计。在最后的收尾阶段，建筑师需注意土建防火构件的交圈闭合，避免出现仅交至内装修构件的情况。所有消防分隔的做法均须达到相应的耐火极限。防火门要求见表 2-7。

表2-7　防火门要求

	建筑设计防火规范	高层民用建筑设计防火规范
甲级防火门	锅炉房、变压器室与其他部位之间隔墙上开设的门窗； 锅炉房内设置的储油间、柴油发电机房及机房内设置的储油间	锅炉房、变压器室与其他部位之间的隔墙上开的防火门窗； 锅炉房内设置的储油间； 柴油发电机房布置在高层建筑和裙房内时； 柴油发电机房内设置的储油间； 设在高层建筑内的自动灭火系统的设备室、通风、空调机房
乙级防火门	剧院后台的辅助用房； 除住宅外，其他建筑内的厨房	
丙级防火门	电缆井、管道井、排烟道、排气道、垃圾道等竖向管道井	电缆井、管道井、排烟道、排气道、垃圾道等竖向管道井

二、设计整改

1. 消防技术手段

（1）分隔技术。防火分隔技术是一种可以有效控制火势蔓延的技术手段，通过对建筑物进行物理的分隔，一旦发生火情，火势就不容易蔓延，将火势控制于一定的范围之内，灭火工作相对较为容易，只需要对隔离出来的地带进行灭火防火。分隔技术从建筑物的设计开始就一直存在的。在建筑物设计时，可以将其设计为一个个小区域，并且对每一个不同的区域分别设置防火设施，这样就可以有效地控制火势的蔓延。防火隔离技术可以将火势的蔓延趋势分为上下两个方面，从而减少建筑物中受灾的面积，同时将火势隔离于水平和垂直两个层面上。

①防火卷帘。在大都市中，随着人们需求的不断提升，越来越多的大型建筑出现在人们视野中，很多地方如果设计防火墙就会带来空间的网格化等现象，很不方便人们的正常使用，所以很多建筑中出现了防火卷帘。同时，在一些单层或者是底层的商铺底部还可以设计防火水幕。

②防火墙。防火墙指的是那些可以阻挡大火蔓延的混凝土墙，这个墙所采用的材料是阻燃的，包括加气混凝土砖和一些天然的石料以及黏土砖等。防火墙为了更好地实现防火的功能，一般情况下尽量不在墙上开洞或者是安装门窗。

③防火隔墙。防火隔墙是一种不同于防火墙的防火设备，一般使用一些不易燃烧的物质包裹一些不可燃烧的材料做成，最终起到防火的效果。目前，一般的建筑行业中多使用材质较轻的防火隔墙，因为这样的防火隔墙具有很多优点，如质量轻、方便运输、强度高、抗压力好等。（图 2-48）

④防火门窗。防火墙一般情况下是不允许开口的，但是在实际的建筑中往往需要给防火墙开口或者安装门窗，所以就需要安装防火门窗。同时防火门窗还可以用在楼梯入口、空调设备等重要位置。防火门一般是在防火墙上平开的一道门，一般可以自动关闭。如果在一栋大厦中安装了多个防火门，可以设定按照一定的顺序自动关闭。

图2-48 防火玻璃

（2）大空间自动灭火技术。大空间智能灭火装置、自动扫描射水灭火装置和自动扫描射水高空水炮灭火装置统称为大空间灭火装置。

①大空间智能灭火装置，由智能探测器组件、大空间大流量喷头、电磁阀组三部分组成，均为独立设置。

②自动扫描射水灭火装置，由智能探测器组件、扫描射水喷头、机械传动装置、电磁阀组四部分组成，其中智能探测器组件、扫描射水喷头及机械传动装置为一体化设置。

③自动扫描射水高空水炮灭火装置，由智能探测器组件、自动扫描射水高空水炮、机械传动装置、电磁阀组四部分组成，其中智能探测器组件、自动扫描射水高空水炮及机械传动装置为一体化设置。（图2-49）

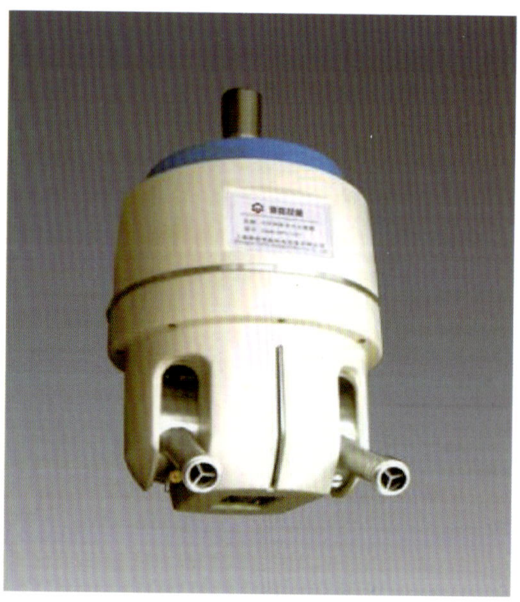

图2-49 自动消防水炮

上述三种灭火装置一般由给排水专业依据其安装高度、保护半径及需要的消防水量来确定选用哪一种或几种灭火装置。

自动扫描定位喷水灭火系列装置（炮）的工作过程：监控状态——扫描状态——灭火状态——监控状态。（图 2–50、图 2–51）

图2–50　吸顶式自动扫描定位喷水灭火装置

图2–51　中悬式自动扫描定位喷水灭火装置

三、经典案例赏析

在办公室装修中，对消防系统的改造有十分严格的要求，只有按照消防部门规定的要求进行改造才能达标，才能确保日后的正常使用。

1. 办公室消防中的消防栓

消防栓是供水的设备，用于火灾时灭火，是办公室装修消防改造中必不可少的元素。消防栓设置需要注意如下三点：一是所处的位置有明确的要求，必须安置在公共区域，例如过道、大厅等，切不可设置于独立办公间内；二是安置的高度要符合消防的规定，不可随意自行设定；三是消防栓内必须是通水的，而且是消防供水，不可安置虚假的不通水消防栓。

2. 办公室消防中的消防通道

消防通道是整个消防改造中十分重要的元素，发生危险情况时人们可从逃生通道获救，因此在办公室装修时必须设置消防通道。关于消防通道，相关部门有严格的规定：宽度必须根据消防设计的标准设定，不可窄于最低标准。（人员疏散走道应根据疏散人数经计算确定，但最小净宽度不小于 1.4 米）

办公室消防通道需要与逃生的安全出口相通，根据不同场所的人口密度，安全出口也有相关的规定，通常不可少于两个。同时消防通道内严禁设置多余的门窗，不能堆放障碍物，否则视为不合格的通道。

3. 办公室消防中的应急灯与指示牌

应急灯是消防设施中的照明工具，是在发生紧急情况下断电后唯一的灯光设备，因此是办公室装修消防改造中不可缺少的设施。应急灯的安装数量及位置都应严格按照消防的标准实施，否则无法通过消防验收。消防指示牌主要有两类：一是疏散通道指示牌，二是安全出口指示牌。两者在意义上基本一致，都是告诉人们在疏散时逃生的方向及出口。

办公室装修单位严禁将增设的隔离墙封顶至天花或顶部，每一个增设的隔离间必须至少配备一个独立烟感和一个喷淋。每 50 平方米必须设置一个烟感和一个喷淋，不足 50 平方米的面积按 50 平方米计算。

办公室装修设计，消防改造方面除了以上所讲述的三个要点，还有很多的要求，例如灭火器的配备、消防宣传图册的张贴、平面图的告示等。办公室消防设备牵涉到我们的生命，因此需要严格按消防要求执行，否则将会造成无法挽回的后果。

第五节　商业空间设计的基本程序

一、理论基础

1. 项目接洽阶段

（1）获取客户信息。可通过工程招投标、成熟展会的会刊以及行业资讯媒体等渠道获取项目客户信息。

（2）上门拜访客户。获得客户初步信息或招投标设计任务书之后，可根据情况上门拜访客户。通过与客户的深入交谈，详细了解客户的设计要求，一般可以从以下几个方面来明确：项目结构，项目设计材质要求、色彩要求、设计重点、照明要求，设计风格，主要功能作用及想呈现的氛围，等等。有些客户可能会邀请多家设计公司参与招投标，在这种情况下设计师可以通过多方渠道了解参与竞争的公司往常的一些设计案例，熟悉其设计风格、趋势等信息。

（3）取得客户项目相关资料。如果得到客户的认可，通常需要通过客户得到以下资料：项目设计的原始平面图（最好可以在拿到相关图之后到现场进行详细的尺寸核对），客户公司简介，客户公司相关企业形象（如标准字、标准色、企业文化内涵，公司 LOGO 及所代表的含义），产品详细信息，产品规格及数量，用电要求，重点打造内容及设计施工预算等。

一般来说，客户都会告知设计所需的相关信息，其中最为关键的是了解客户的项目资金预算，这一点对于投标比稿来说尤为重要。有些客户会在预算上给一个大概的范围，有些客户不愿意详细透露资金预算，甚至对预算没有详细的打算或预算概念，这时候可以通过了解客户公司的实际运转情况，同行业其公司设计情况，或者提供一些设计意向图给客户进行参考选择，客户一般都会选择风格及价格都比较符合需要的方案图。

（4）明确设计图交付日期，制定工作计划。同客户明确首稿的交付时间和要求，设计团队进行详细的工作安排。对于大的项目，应该制定一份详细的工作时间明细表或设计进度表，有需要时可以提交给客户。

2. 设计阶段

（1）综合并整理客户的相关设计要求，并在设计过程中随时保持与客户之间的交流沟通。前期业务人员应把与客户在项目接洽过程中所获得的信息，如客户设计需求及可能的风格意向等，尽可能完整准确地传达给设计师，并填写设计明细表。在设计师设计过程中业务人员也应当与客户保持紧密的联系，以便随时掌握客户可能出现的需求变化。在必要的情况下可以将设计师介绍给客户，以便双方更为准确地沟通设计意图。

根据图纸情况，设计人员需对实际现场进行考察测量，了解项目现场的实际情况及周边信息，设计师同时应当与施工人员、材料商等保持联系，以便了解最新的施工工艺及材料，避免出现设计采用材料陈旧，或设计无法实地施工等情况。

（2）向客户交付设计初稿、设计说明、工程报价。设计初稿完成后需与客户进行相应的沟通，确定方案的可行性，与客户商定后确定平面布局。在此基础上进行方案报价，报价之前需提前向各供应商了解产品的成本价，再进行系统的方案报价。一般来说，各个公司都对工装设计的报价有详细的顺序列表，往往是按照设计图从天花到地面的顺序，或者是从里到外的顺序进行报价，防止漏项，但各个公司对于报价预算的详细程度均不相同，可根据客户项目任务书的要求进行相应的调整，或提前与客户沟通，既明确了列项，也有助于让客户更加清晰了解成本。

一般而言，一份详细的报价就是一份详细的工单，在报价中要对材料、颜色、形状、尺寸、施工工艺等尽可能完整地描述，便于把握施工成本的核算以及施工的准确性。在某些特定的商业空间装修过程中，有涉及如电箱申请、场地管理费等费用，一般由客户自主支付；如需要施工方代交，则要在报价中单独列明。

报价及方案设计完成后向客户提交方案时，需要完整的设计说明，尤其针对一些较为注重企业形象的客户，即使在项目任务书里没有明确要求设计说明，设计师也不应当忽略设计说明的重要性。一般设计说明可以就详细的设计概念、设计风格、材质说明、色彩搭配、照明设计、功能分区、设计重点等几个方面进行详细的阐述。若见面时设计师能够当面与客户阐述方案当然能够更加清晰直接地阐述设计方案的最大亮点及不同之处。若无法当面与客户汇报，详细的设计说明就能够让客户更加清晰地了解设计师的设计意图。

（3）研究客户反馈意见，再次修改后交付定稿。若客户是多家比稿的话，经过筛选，可能会要求设计师继续修改，有时甚至是多次反复修改。在这个过程中设计师就要更加深入了解客户的真实意图。如果客户要求再次以不同的风格进行出图，应当根据具体情况进行综合考虑。修改后交付定稿并报价。

3. 签约阶段

（1）同客户确定工程价格。在提交最终报价与客户确定价格之前，一定要反复核对报价项目及报价表，要保证所有的材料在报价价格范围内能够完成相应的施工，保证一些特别要求的内容公司能够按照报价规定完成。否则客户一旦确定报价，而现场施工时无法做到，或出现问题将会给公司造成不好的影响，还可能产生纠纷。

（2）明确同客户的相互配合要求。签订合同之前一般要列出详细的施工进度列表，施工过程中有需要客户配合的地方或有需要客户提交相应申请的地方，一定要提前与客户沟通清楚，并协调好双方的责任范围。以免在施工过程中因为双方协调不足，或配合不够而出现工程延误，造成不必要的经济损失。

（3）签定合同。

4. 施工阶段

（1）针对需要场外定制的产品提前制作。一些定制的木作产品、如展柜、桌椅、广告牌、导视系统等，需要提前联系厂家制作，避免产品出厂延误导致工程延期。

（2）现场施工。现场施工的好坏决定了项目设计的目的是否得到以实现。当下很多设计公司在项目洽谈阶段及项目设计阶段尤为用心，然而在设计施工阶段有所懈怠，导致施工质量不佳，造成客户的不满，长此以往只会给公司带来不良的影响，也很难留住长期客户。

一般在项目施工阶段需要专门的项目经理对现场施工进行统筹把控及施工监督，最好具体负责项目的业务员或者设计师能够到现场陪同，并及时解决施工过程中出现的问题。

（3）处理现场追加、变更项目。在现场施工的过程中，往往会有一些不在预料范围内的突发状况出现，或者是客户临时提出一些要求。如果意外状况是由装修公司本身造成的，则要尽快解决问题，不能影响到施工进度及工程质量；如果是客户临时提出的额外要求，应当首先保证满足其合理的要求，同时要及时填写增补单，对客户追加部分要求客户签收补充到项目报价的总额当中。

（4）客户验收。所有施工项目完成后，要进行现场的土头清理及卫生清洁，按照程序让客户对施工项目进行验收，验收完成后客户签订工程验收单。

（5）工程款结算。完成工程后，应即时进行成本总结，完成相应工程款项结算。若施工前向商场管理部门支付了相应押金，应及时退回。

5. 后续跟踪服务

做好后续服务是赢得回头客的重要原因。施工程序完成后，并不表示整个项目的完结，在后期可能相当长一段时间内，需要做售后服务，最好能跟进客户，深入调查客户的项目使用满意度，这有助于日后工作的开展。

许多公司在项目设计完成后，就与客户断了联系，认为一次项目完成后，与客户之间就不再有什么瓜葛。实际上，做好客户维系可能会给自己带来很多回头客，或形成长期合作关系。

后期跟踪服务的范围非常广泛，如施工过程中的材料、文件可以整理存档后给客户提供一份过程性资料，并经常与客户沟通了解项目在使用过程中所得到的反馈与评价，若项目在后期出现诸如水电、材料等问题，应给与及时的修护，那么客户如果想要翻新装修，或者有同样类似的项目需要设计装修公司时，自然就会想到你。每为客户多付出一分，都将成为下个项目中的竞争优势。

二、设计整改

1. 方案构思论述

（1）主题定位。本项目位于江苏省盱眙县，为盱眙高速公路服务站餐厅，面积约 1300 平方米。整体空间设计为突显盱眙的特色文化产品，突出地方区域特色，打造一个具有文化性、地域性的高速公路服务餐厅，因此整体风格选择了混搭现代风格，围绕盱眙“山水之城”的主题进行设计。主题色调采用蓝色，融合了水元素，如地面铺装的水纹图案，吊顶柔和随意的形状，整体再辅以山的元素作为空间的点缀，如石头小景，竹制吊顶等，着重展现盱眙这座城市的元素，让人置身在餐厅空间中，就能够感受到这座城市的文化特色。

（2）前期调研。本项目在设计之初对周边的高速公路服务区进行了走访调研，在调研过程中了解到，大部分服务区为改善就餐环境和卫生条件，采用“明厨亮灶”接受旅客的监督，并且为大家提供的餐饮也更加丰富实惠。但是由于各地区经济发展程度不同，服务监督管理力度不同，导致各服务区餐厅发展并不平衡，很多餐厅仍然存在管理混乱，环境较差的情况。小部分的餐厅虽然管理制度相对完善，就餐环境较好，但缺少地方特色，对地方经济品牌推广、文化旅游宣传等方面的作用更是微乎其微。因此，通过调研，本项目确定了如下目标：

A. 突显本土特色文化；

B. 与本地传统餐厅之间要有明显差异；

C. 起到高速公路服务区特色餐厅对地方经济品牌推介及对文化和旅游的宣传作用；

D. 细节处理设计：空间布局的便利性、人性化；凸显当地特色文化、装饰品的格调等。

2. 方案设计

对上述问题进行了深入的调研及可行性研究之后，进行了方案的设计。

（1）空间功能区划分及分析。在项目设计过程中，设计人员对空间进行了统筹划分，主要功能分区包括团队就餐区、散座就餐区、散座包厢区、家庭包厢就餐区等；在地域宣传方面，根据盱眙县的特色文化，特别设置了盱眙龙虾以及文化景点展示区、龙虾售卖区，等等。另外，考虑到方案人性化的设计，在卡坐饮品区增设了司机短休、哺乳室等附加功能区，除此之外还设置了免费开水区、自助存放包裹及自助贩卖区等现代化服务设施，为旅客提供更加周到、更加人性化的服务。（图 2–52）

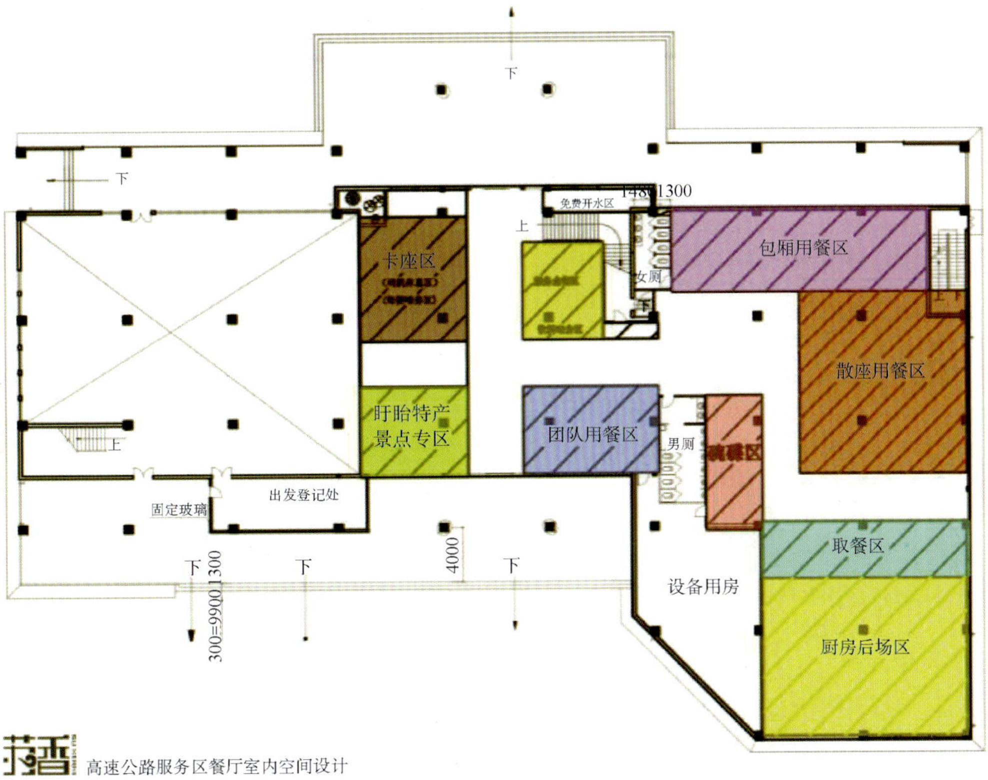

图2-52 功能分区图

整个空间的功能规划完整，动线流畅，不仅提高了效率，也提高了服务质量。整个餐饮空间呈现为一个完整的、人性化的、本地文化与现代元素密切结合的特色服务区。（图 2-53）

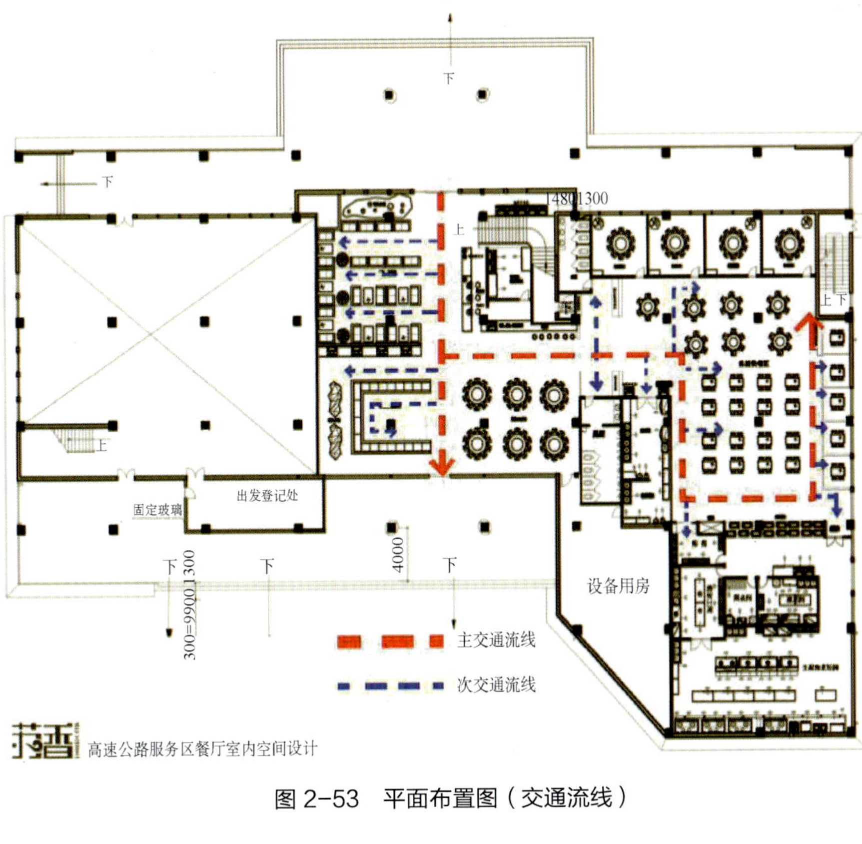

图 2-53 平面布置图（交通流线）

在入口的位置设置了前台，以及饮料咖啡卡坐区，这里可以是旅客临时的休息场所，也可以提供开水补充等服务，整个空间设计以休闲为主，可以缓解旅客疲劳，伴随着轻盈悠扬的音乐，更能达到使旅客放松心情的效果，在小细节上体现方案设计的人性化。（图 2–54）

图2–54　前台效果图

团队就餐区设立在餐厅出口的位置，为旅游团队提供快捷方便的就餐环境，不仅有利于旅客的“快进快出”，方便旅客团队成员快速找到就餐区，同时还将这种人多、嘈杂的环境与内部相对安静和高质量的就餐环境隔离开来，避免对散客成员或家庭成员造成干扰。

特产展示区主要以展示盱眙特色为主，还提供了盱眙龙虾的购买服务，各地游客不必到市区就可以吃到、买到盱眙龙虾。

散客区则根据消费者人数比例的不同，划分为以四人桌为主的 A 区，以及以六人桌为主的 B 区，四周的空间墙面用彩绘的形式绘制了海底龙虾的图案，让旅客体验不一样的就餐氛围。

VIP 包厢同样按就餐人数不同进行了空间分隔，主要有 2 ～ 4 人就餐位为主的 C 区和以家庭就餐为主的 D 区，包厢提供了一个较安静的就餐环境。

另外，设计师还根据客户就餐需要提供小型服务台，按不同的区域进行分配，解决消费者就餐过程中可能会出现的各种问题，给消费者带来人性化的服务体验。餐厅中还设置了以山水为主的造景设计，一方面可以渲染空间的整体氛围，另一方面也可以作为半隔断起到一定的遮蔽作用。

（2）设计元素的提取与运用。本方案在设计元素的提取上，采取对元素的转化、抽象再重构的设计手法，以龙虾脚作为主要元素，进行抽象提取，结合大自然的树枝造型，进行创造性的运用，有意识地改变符号的传统形态及常规组合关系，将盱眙县的山水景观及龙虾特产文化结合后融入空间设计中，借助现代化的设计形态将空间的地域特色与现代感巧妙融合在一起。（图 2–55）

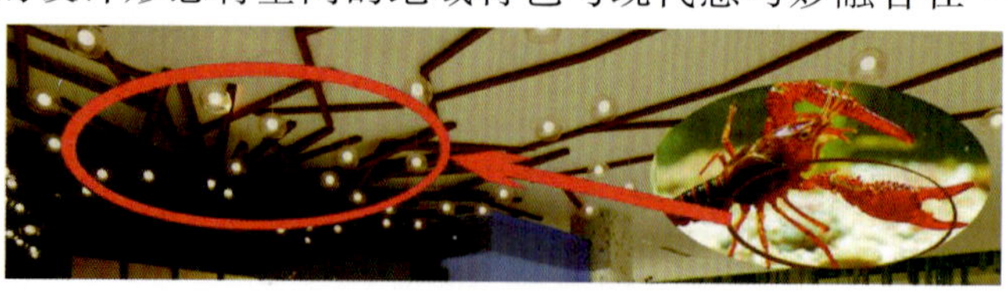

图 2–55　设计元素提取

除此之外，方案的设计元素中同样对水元素进行了提取，根据水的不同形态进行了抽象化处理，如前台饰面及地面铺装，都采用了不同形态的水纹图案，通过对水的色彩、形态、性状等元素的综合运用，体现空间的灵动性以及文化特征。（图2–56）

图 2–56　水元素提取

（3）空间灯光与氛围营造。色彩是室内空间设计中至关重要的元素，同时也是最为直观和最为活跃的元素。本方案的设计，以蓝色和白色作为空间的主要色彩基调，辅以局部光源的点缀，营造一种灵动、轻松的空间氛围，同时搭配山水的景观装饰让空间更具有层次感。

在灯具的选择上，为了契合整个空间灵动的感觉，以轻盈、透明、简洁的灯具为主。每张就餐桌搭配相应的绿植，体现空间的生机勃勃，带来自然的气息，同时也给旅客一种轻松闲适的感觉，还能够在就餐的过程中缓解旅客的视觉疲劳。

三、经典案例赏析

1. 重庆市中山四路共享办公空间设计

本项目位于重庆市，坐落在中山四路，中山文化产业园 A 栋建筑和 B 栋建筑的四楼。方案的设计重点在于打造一个高效共享又具有一定趣味性的新型办公空间。（图 2–57）

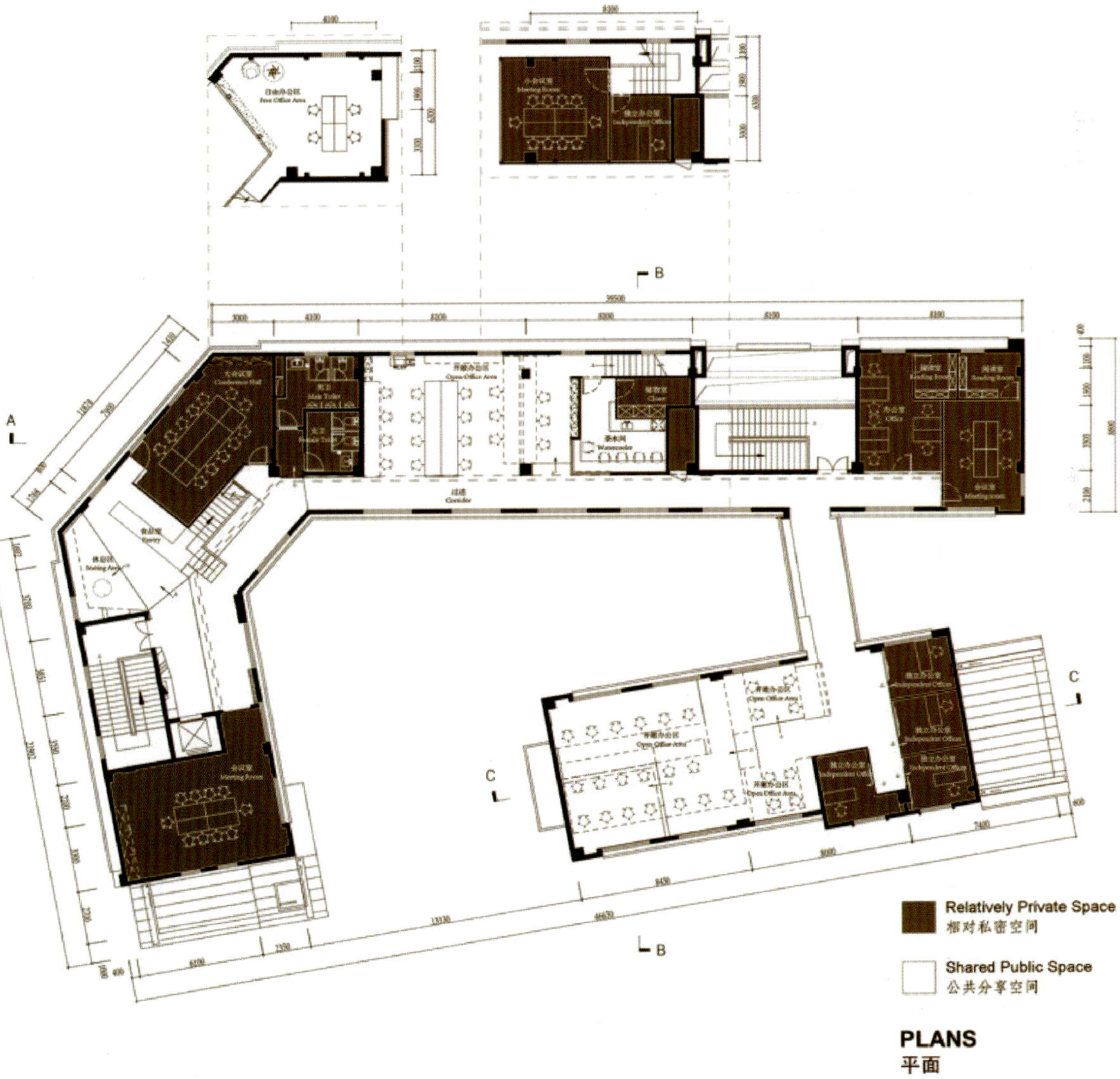

图 2–57　项目平面图

（1）方案设计概念。关于共享办公空间的设计概念可以从如下两个方面来理解：首先，共享办公，不代表空间的完全敞开，也不是单一性质的共享空间，而是一种开放和私密性共存的空间状态；除了开放性的自由办公场所之外，同样也需要私密性的诸如独立的办公空间、会议空间、阅读空间，等等。其次，共享空间也不像传统办公空间那样刻板，而是融严肃、放松、欢乐等于一体的办公空间，除了具有常规标准的办公形式，还可以拥有诸如躺式或放松式的自由型办公空间。（图 2-58）

图2-58　项目剖面图

（2）方案设计详解。基于以上两点设计理念，设计师试图借用中国传统园林路径设计中将实用空间和休闲空间相互串联的特点，来解读和介入本次共享办公空间的设计，打造一个“空间中的空间”，即端庄和休闲互相穿插存在的办公空间。（图 2-59 至图 2-61）

图2-59　夹层的设计将二维布局延伸到三维

图 2-60　室内建筑模拟“亭台楼榭”

图2-61　“看与被看”的互动空间

两侧位于 A 栋和 B 栋不同的办公区域，相当于两座拥有不同特征的微缩院落，中间一座廊桥将两者串联起来，再通过夹层的设计，将原本二维的流线延伸到三维空间，从而形成移步换景的曲径特点。“空间中的空间”是本次方案设计中的重点之一，两个互相映衬的内建筑仿佛亭台楼榭一般被植入建筑空间内部。独立的办公空间与自由的办公间形成了“看与被看”的互动关系。从剖面关系上来看，两个独立的办公空间穿插在开放性的自由办公空间之间，让使用者可以根据需要在两种不同的空间之间自由切换。开敞半空区域有院落的多重空间属性，可以在办公、社交、教育甚至是美食活动空间之间转换。（图 2-62、图 2-63）

图 2-62　共享办公空间

图 2-63　共享会议空间

在材料的选择上，基本整体采用了木饰面伴以局部的火山岩饰面，不但整体保持了办公空间的商务属性，还避免了过度追求娱乐性而失去了本质的弊端。让在其中工作的人保持乐观情绪的同时还能够时刻保有办公的基调和热情。（图 2-64）

图 2-64　木饰面和局部火山岩饰面

2. 北京市朝阳区金福农场餐饮空间设计

本项目位于北京市朝阳区大悦城，2016 年得到有机蔬菜认证，因此，项目设计以有机农场为背景，旨在打造一个有机蔬菜空间，让都市人群在菜田里用餐，享受接近生态自然环境的用餐氛围。

（1）方案设计概念。在进行方案设计时，设计师考虑到在餐厅众多的大商场里，如何突显有机蔬菜的定位，打造雨中不同的就餐空间，尽可能地吸引来往的客流，这成了营销与设计结合的重点。（图 2-65）

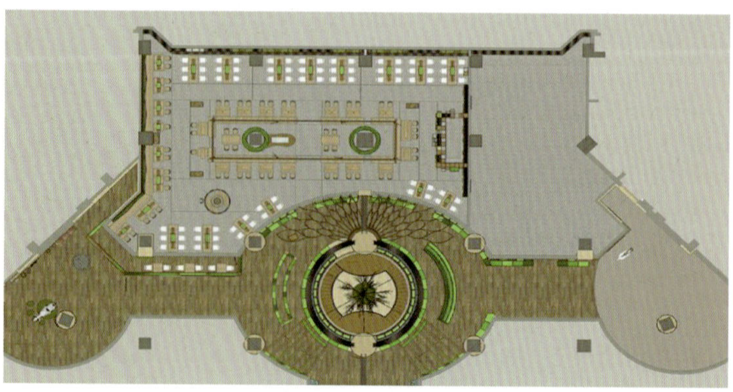

图2-65　餐厅平面图

经过对餐厅地理位置周边同类店铺的对比调查，设计师决定将餐厅周围的公共空间根据不同的蔬菜及主体进行不同的空间区域划分，分别吸引来自不同方向的客户，让餐厅无论从任何方位看都具有吸引力。餐厅周围的公共空间集结了艺术雕像、枯山水、有机蔬菜吧、有机大豆石磨区，等等，最后顾客汇集到餐厅的入口，这有一棵人造的大树，让大家在等待时犹如在大树底下乘凉。（图 2-66、图 2-67）

图2-66　入口旋转楼梯

图2-67　内部效果

（2）方案设计详解。餐厅内部，以中式凉亭为概念，围绕凉亭设计就餐区，两个蔬菜架从凉亭冒出，展现植物向上不断生长的旺盛生命力，配合季节陈列当季蔬菜，让顾客可以亲眼看到蔬菜的新鲜程度及生长态势。外围利用蔬菜陈列架结合天地，作为隔墙，将陈列架化为最小单元的种植区，便于四季蔬菜的更换与搬运，蔬菜架也起着连接整个空间的作用，有的结合柜台，有的连接天花，有的占满墙面，空间中弥漫着绿色蔬菜气息，体现空间的勃勃生机。（图 2-68）

在阳光最强处，采用大片的有机玻璃作为展架，内部种植水培植物，不但可以得到大量的自然光线，还增加了空间的多样性；西面卡座区的梯田造型，由厚实的实木块拼成弧形，同样带来了空间的多样性变化。（图 2-69）

图2-68　围亭而坐的用餐氛围

图 2-69　卡座梯田造型

另外，为了彰显老北京的氛围，就餐区设计了鸟笼包厢，增加了空间的趣味性，餐桌边就有可以随手采摘的辣椒，可以体验乡间菜田纯天然的就餐氛围。同时业主极具文艺情怀，入口处的雕塑是一个人，做着酒足饭饱的美梦，不但增加了视觉的冲击力和空间的趣味性，还体现空间所展示的享受美食、怡然自得的意境。（图 2-70、图 2-71）

图2-70　有机玻璃展架

图 2-71　鸟笼包厢及趣味性雕塑

第三章　商业空间设计实践

第一节　餐饮空间设计

一、理论基础

1. 餐饮空间设计的概念

古语说，“民以食为天”，说的就是饮食之重要性和基础性。随着经济与餐饮业的迅速发展，餐饮空间设计也进一步得到发展。

餐饮空间设计与一般的公共空间设计不同，现今餐饮空间不仅仅强调食品的美味，更强调的是一种文化，是人们在满足日常饮食需求的基础上一种更高的精神追求。餐饮空间的设计包含了许多方面的内容，主要有：餐厅门面外观及内部空间、餐厅的色彩和照明、内部软装布置，当然也包括影响顾客用餐的整体环境和气氛。

2. 餐饮空间设计的类型与特征

（1）高级宴会餐厅空间。高级宴会餐厅的设计一般按照国际标准礼仪，对空间与功能的要求较高。在进行设计时不管是用餐环境还是服务通道，都要求空间通透、大气、流畅。高级宴会餐厅功能齐全，一般配备有大型的表演、演讲舞台。而接待一些小团体的贵宾用餐时则要求空间相对独立，不受外界干扰，一般配备接待区、文化区、会谈区、娱乐区、康体区、就餐区、独立备餐空间、厨房、独立卫生间、衣帽间和休息卧室等。这类高级餐厅一般用来接待外国来宾或举办国家大型庆典、高级别的大型团体会议等。（图 3-1）

（2）普通餐饮空间。普通餐饮空间的经营内容主要是传统、具有地方特色的中餐厅或单独某种菜色的专业餐厅，其规模相对高级餐厅来说较小，适合小型社交活动、家庭聚会、机关团体活动等。这类餐厅以中式餐厅居多，其空间环境舒适、大方且富有主题，有一定文化内涵，功能齐全，装饰美观。

中式餐厅在我国餐饮行业占有重要的地位，被广大人民群众乃至外国友人所喜爱。在中式餐厅的设计当中通常运用斗拱、书画、挂落、纹样等传统形式的符号进行装饰塑造和组织空间。另外，虚实相生、内外沟通、拱桥流水等我国传统园林的空间组织手法也常用于其中，营造富有我国传统文化氛围的餐饮环境。在此基础上，寻求与现代的设计符号相结合，符合现代人的审美情趣和时代气息。（图 3-2）

图3-1　高级宴会餐厅空间

图3-2　中式餐厅空间

（3）美食街、快餐厅。该餐饮空间以简单、经济、方便快捷为主，经营中低档次的经济饭菜。如茶餐厅、自助餐厅等。这类餐厅要求运作快捷、空间简洁、经济方便、服务简单、干净卫生。快餐厅起源于20世纪20年代的美国，以提供快速餐饮为主，适应快节奏的生活，获得飞速发展。（图3-3）

（4）西餐厅。西餐厅在餐饮业中属于外国的餐饮文化，以经营西方菜式为主，为人们提供休闲、会友交谈等小型社交活动场所。在设计风格、餐饮空间的环境上，西餐厅要与某国民族习俗相一致，比如通常运用拱券、罗马柱、壁炉等欧洲建筑的典型元素，同时还结合现代的设计手法，通过灯光、音响等方面对空间环境加以补充、润色。西餐厅在我国的高级宾馆、饭店内较为常见，但也有很多独立经营的西餐厅。（图3-4）

（5）主题餐厅。主题餐厅是通过一个或多个主题作为标志的餐饮空间。在主题餐厅的设计上可以借助特色的建筑设计和内部装饰来强化主题。主题餐厅与特色餐厅是两个不同的概念。主题餐厅除了要有特色鲜明的各类特色菜之外，还非常注重主题文化的深度开发，注重相应环境的营造，并借助环境突出主题。所以，主题餐厅一定是个特色餐厅，但特色餐厅未必就是主题餐厅。（图3-5）

图3-3　美食街、快餐厅

图3-4　西餐厅

图3-5　主题餐厅

3. 餐饮空间设计中家具的尺度与布局

在餐饮空间中，家具所占的空间与人们使用时的活动范围构成餐饮空间的功能区域，餐饮空间环境内含物大部分由家具组成。通常，在餐饮空间的功能配置和交流关系确定后，再进行平面布置以及人体工程学相应尺度的考虑。但最后在平面设计方案确定时，往往还应根据所选用的家具尺度与合理的家具布局对功能配置进行相应的调整。由此可见，功能分区与家具布局、家具尺度之间相互影响。此外，家具在满足人们餐饮及相应配置的使用功能外，还具有分隔、组织空间的功能。如利用家具的灵活布置可以将大面积用餐区域划分成不同的用餐空间，用家具的布局来组织顾客的动线，在这一点中，家具尺度影响顾客用餐的舒适度，而家具的布局方式则是影响顾客动线的因素。因此，对家具尺度及其布局形式的分析对于餐饮空间的功能分区及动线设计有重要作用。不同类型的餐厅所需的功能不同，家具的尺度及布局形式也会有所差异。

（1）餐饮空间的家具尺度。在不同功能区域家具使用的需求不同，家具的选择也会有不同，如用餐区为餐桌椅、备餐柜等；厨房区为操作台、出菜台、储藏柜等；候餐区为茶几、休闲椅、休闲沙发等。用餐区是餐厅最重要的区域，是顾客在餐厅用餐过程中逗留时间最长的地点，其内部家具尺度的把控就显得尤为重要，特别是与顾客直接接触的餐桌和餐椅。在选择餐饮区内部家具的尺度过程中应从两方面进行考量：一是家具单体，为达到其各部分的比例匀称、尺度适宜的要求，其尺度与比例应结合人体工程学的相关参数进行设计，造型与材质应与空间的整体氛围相吻合，从而达到美观、实用、舒适的要求；二是家具的组合单元，其整体尺度考虑到人体的动作、活动范围及心理尺度等，预留充裕的客流通行和服务通道宽度及餐桌周围活动空间的大小，餐椅之间的距离等。（图3-6）

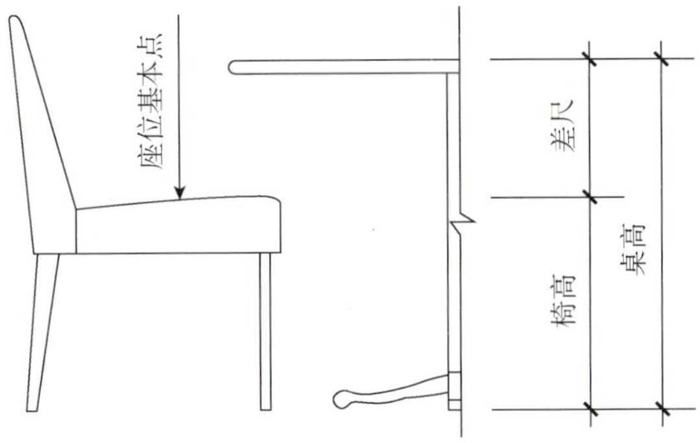

图3-6　餐厅家具尺度

（2）餐饮空间的家具布局形式。家具的布局形式会对空间进行分隔与重新组织，从而改变人、物、信息流的动线。空间形态、用餐环境、顾客团体数量等是影响餐饮空间家具布局形式的重要因素，因此在设计过程中应该着重考虑，合理使用不同的家具布局形式。另外从空间形态上看，较为合理的家具布局形式有以下两种：一是封闭性空间的布局形式，空间环境内部的人、物流等动线对家具布局形式所产生的影响应该考虑在内，如家具设置的方向与位置、家具的组合顺序、家具开启方向等；二是开敞型空间的布局形式，家具的布局形式在对空间内部流线产生影响的同时，也会对外部相邻空间的流线产生一定的影响。

用餐区与厨房区是餐厅的重点区域，在此对其内部家具布局形式进行详细讨论。

①用餐区家具布局。餐饮空间在经营内容、经营规模和消费档次等方面有差异，对用餐区可采取整合或划分的处理方法。对于宴会厅、酒楼等规模较大的餐饮空间，可将用餐区进行整合以满足举行大型宴会的需要；对于规模较小的餐馆、餐厅等餐饮空间，可采用分隔的处理手法，将用餐区进行分隔，在各个小空间里面布置餐座，但每个小空间又相互流通，隔而不断，为顾客提供多样的选择，满足顾客的私密需求。

A. 布局形式。对称式布局与自由式布局是常见的餐座布局形式。虽然餐座布局根据设计风格会有各种各样的布置方式，但也应遵循一定的布局原则。

在规模较大的餐饮空间中通常采用对称式布局的形式，其餐座通常在一条轴线两侧，左右对称，两边侧各留有辅助通道，在轴线的一端设有礼仪台、表演台等并与主通道相连。这种布局形式凸显了餐饮空间的开阔性，并且空间环境内部的装饰陈设一般采用较大的体量，体现餐饮空间的整齐、统一、大气。（图 3–7）

在对空间进行划分时采用空间自由组合的方式，将餐座布置与建筑空间既有形态、软装陈设相结合，划分出大小不一，但又相互流通联系的空间。同时，对用餐空间的大小与数量进行设置时也应考虑顾客的组成特点。（图 3–8）

图3-7　对称布局

图3-8　自由布局

B. 布局原则。用餐区家具布置要考虑的因素很多，在众多因素中，秩序感与边界依托感是影响餐饮区餐座布局的主要因素，应着重考虑。

秩序感——秩序是餐饮区餐座布局的一个重要原则。理性的、有规律可循的餐座布局，整体平面上条理清晰，能产生秩序美；但易过于单调和乏味。比较感性、复杂的餐座布局，在整体平面上可以表现出活泼的效果，但处理不得当会产生杂乱无章之感。因此，设计用餐区时，对秩序感的把握要适度，使平面布局既有整体感，又有趣味和变化。

边界依托感——边界依托感是餐座平面布局应遵循的一个重要原则。从行为心理学角度看，有边界的区域可以让人感受到安全感。因此，在餐饮空间的设计中，营造有边界的用餐区，给用餐者一个专有领域，可以让其感受到庇护，增加安全感。

考虑顾客组成，使餐座布局灵活多变——餐座的布局应具有灵活性，以满足不同动机、不同人数组合的客户群体。在每组顾客人数较少的情况下，可以布置为两人桌、四人桌，在人数增加时又可拼为六人桌或者八人桌。餐厅包间也可采用这方法，采用活动隔断，可以将单一的餐饮空间转变成两个较为私密又互相联系的小空间。

②厨房区家具布局。厨房区是餐厅生产加工的重要区域，其内部的家具布局应结合生产加工流程、厨房结构、面积、高度以及设备的具体情况进行考虑。具体厨房布局时应考虑的因素太多，而且不同规模、不同经营内容的厨房所要求的设备差异较大。下面仅介绍几种常见的厨房布局类型。

A. 直线型布局。在面积较大、高度分工、生产加工相对集中的大型餐厅厨房常采用直线型布局。热加工区的所有设备通常靠墙排列，放置在一个方形通风排气罩之下，集中供应制作，集中吸排油烟。与之相对应的冷加工区与出菜台也是直线排列，中间留出充足的通道。整个厨房排列整齐，通畅。直线型布局的缺点是，出菜的距离较远，影响出菜速度。因此，这种厨房布局一般布置在两侧均需服务的餐厅，这样可以两边分别出菜，缩短餐厅出菜距离，提高出菜速度。（图 3–9）

B. 相背型布局。主要加工设备集中背靠背组合在一起，置于同一通风排气罩下，厨师面对而站进行操作。工作台设置在厨师背后，其他公用设备可分布在附近地方。这种布局的优点在于设备比较集中，因只使用一个通风排气罩而比较经济。存在的缺点在于厨师烹饪时必须多次转身、多走路才能获取工具、原料和其他设备。（图 3–10）

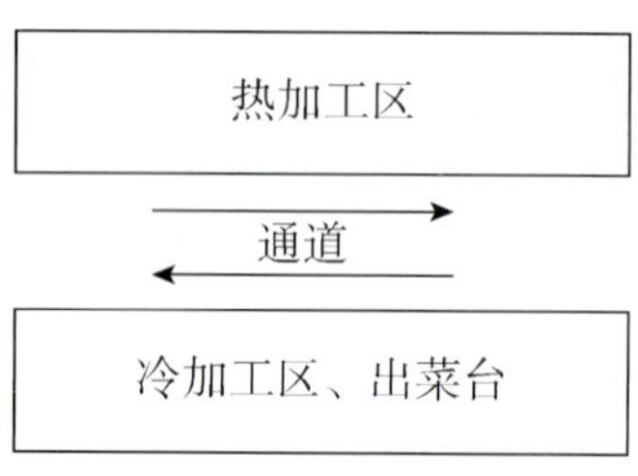

图3–9 直线型布局

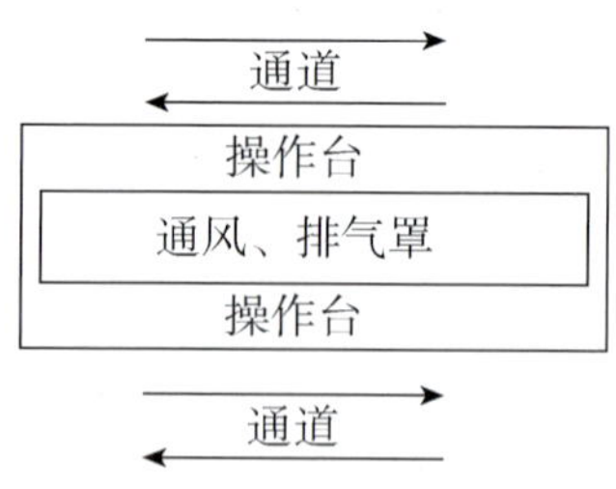

图3–10 相背型布局

C.L 型布局。设备沿墙壁排布成 L 型，适用于厨房面积和形状不便于设备作直线型或相背型布局时。通常是把煤气灶、烤炉、扒炉、炸锅、炒锅等常用设备组合在一边，而把另一些较大的设备，如蒸锅、汤锅等组合在另一边，两边相连成 L 型，集中加热排烟，这样厨师也能便利地使用每一组设备，加热和切配加工也有了相应的集中和分工。这种布局形式一般常用于面点、糕点制作间等加工厨房。（图 3–11）

D.U 型布局。将工作台和设备沿墙四周摆放，留一个出口供人员、原料进出。这样的布局，厨师在中间操作，取料操作方便，节省时间。U 型布局一般适用于加工设备较多、出菜集中而所需生产人员较少的情况，如冷菜、点心等加工厨房。（图 3–12）

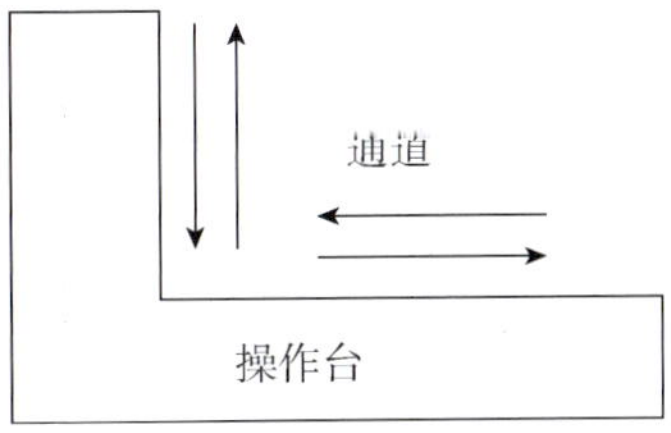

图3-11　L型布局

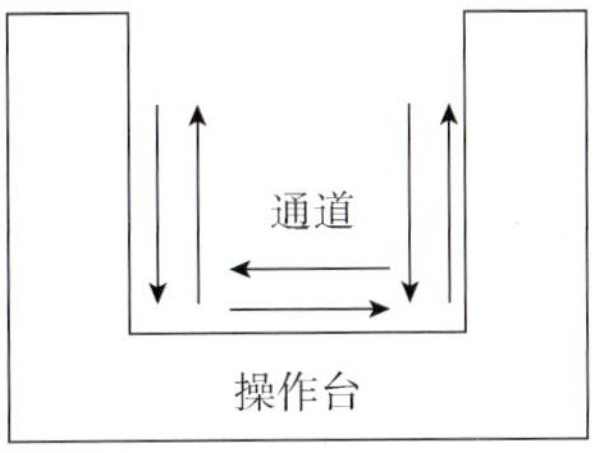

图3-12　U型布局

4. 餐饮空间设计的组合形式

餐饮空间不仅要有足够的空间满足顾客活动与设备的配备，还应能满足顾客复杂活动和相互交流的功能要求，即餐饮空间的形式要以满足功能要求为前提。这里的功能要求包括使用上的要求与人们的精神要求。餐饮空间设计是对建筑原有空间的二次划分，即根据人们的使用要求与行为动线，将原建筑空间进行合理组织与划分，形成多个功能区域。另外，为了让空间的组合形式起到引导人流、组织人流与分散人流的作用，还应根据空间中主要流线的特点并结合空间组合形式的变化对空间进行主次划分。目前，餐饮空间比较常见的空间组合形式有线式、集中式与组团式，或者是它们的综合与变化。下面分别对这三种空间组合形式进行分析与阐述。

（1）线式空间组合，是将内部各个空间组合逐个串连。它结构简单，易于适应原建筑空间的条件。此处的“线”不限于直线、折线，也可以是弧线；线可以是水平的，也可以结合地面高差进行变化。一般情况下，线式空间组合都是由面积、形式和功能相同的空间重复排列而成。在这种组合方式下，空间具有方向性，在视觉上给人以运动、延伸的心理感受。所以一般可在线式空间的端点处放置空间的出入口或需强调的功能空间，起到空间暗示的作用，引导与分散人流。线式空间组合的优点在于让每个分散的空间有序联系在一起，在平面布局条理清晰，具有秩序感，人流动线明确。既能满足散客就餐的坐席，又能满足团体顾客的用餐需求，而且每个用餐空间之间隔而不断，分隔中又相互保持联系。其缺点在于空间容易陷入单调和乏味，设计时要特别注意尺度的把握。

（2）集中式空间组合。在视觉上，集中式空间组合是一种有稳定向心趋势的空间组合方式。集中式空间组合由一定数量的次要空间围绕着中心空间构成。中心空间要有足够的面积，否则，集结在其周围的次要空间就会显得突兀。一般来说，中心空间为规则形式，如三角形、正方形、圆形等；次要空间的功能与尺寸可以完全相同，也可以不同，以形成不同功能的空间，满足不同的需求。

（3）组团式空间组合，是指将各个空间紧密连接使它们之间相互联系，或以某空间为轴线，各个空间穿插分布在其两侧使空间建立紧密联系。与集中式空间组合形式一样，组团式空间组合在布局时，可采用功能、大小、尺寸相同的区域，也可不同，但这些空间必须要通过对称轴线的处理手法建立联系，以保持空间组合的紧密性，避免杂乱无章。

5. 餐饮空间设计的流线分析

一般情况下，餐饮空间流线从水平到垂直，分为人流、物流和信息流。

（1）人流，即人在餐饮空间中行动的轨迹。一般餐厅的人流分为顾客流线和服务人员流线，这两条流线是餐饮空间流线设计的重点。人流动线设计对餐饮空间的平面布局形式以及家具尺度、比例具有决定性的作用。因为人流动线设计具有复杂性和多样性的特点，设计前需要仔细分析研究，既要考虑功能性需求，又要考虑经济性要求。

（2）物流。餐饮空间中，物流不仅指服务人员携带物品的行为轨迹，也指厨房、仓库、备餐间等后场的物品流动线路。物流合理与否可以直接体现餐饮空间内部空间组合是否合理，合理的物流动线能提高餐厅的工作效率。需要注意的是，在很多情况下，人流的变化会引起物流的变化。

（3）信息流。在餐饮空间中，信息流主要包括两方面的内容：一是各种服务信息的传递以及顾客意见的反馈；二是各类物品在部门间的数量及流转情况的数据信息。

6. 餐饮空间中的氛围营造

餐饮空间环境质量的好坏不仅跟空间的大小形态、装饰材料以及设计手法等有关，还与餐饮空间的环境气氛有关。营造餐饮空间的环境气氛，可通过色彩、光环境、陈设绿化和室内景观等方面来实现。

（1）色彩。暖色调是餐饮空间内部环境常采用的色彩，暖色调可以达到增进食欲的效果。暖色调在实际应用中差异很大，例如皇家宫廷式的中餐厅大多色彩浓郁，以大红和黄色为主；园林式餐厅则是以粉墙为主，略带暖色。西式餐厅则更多采用较为淡雅的暖色系，如粉红、淡黄或者白色等，当然也有熟褐色，有些比较高档的餐厅还加以描金。

（2）光环境与色温。在餐饮空间中，光环境表现为照明设计，主要有以下几个作用：一是用照明突出餐厅的主题；二是可以利用灯光勾起食欲；三是巧妙地将场景划分主次。合理的灯光设计能引导消费者与餐厅发生互动，将顾客的关注点吸引到主场景上，反之则会影响就餐者的心情和体验等。

灯光设计的一条通用原则是，高照度高色温，低照度低色温。若想营造高档、舒适、氛围放松的空间，无论照度高低，低色温光源都是比较适合的选择。采用混合照明方式的餐厅，可以将高色温的一般照明和低色温的局部照明搭配使用。

在餐饮空间的光环境设计中，整体照明（也称一般照明）、重点照明（也称局部照明）和混合照明三种照明方式通常同时使用，共同营造所需要的空间氛围。整体照明是指对餐饮空间整体环境进行照明，不考虑局部照明，注重对室内光环境整体的把握，营造简单明了、干净整洁的就餐环境。重点照明用于强调某些特定区域或重要区域，强调空间气氛，突出空间主题，也有划分空间、增加餐饮空间层次感的作用。混合照明由整体照明与重点照明组成，可形成丰富的光环境，丰富空间的层次感。

在不同的餐饮空间，因就餐环境定位不同，照明设计也有很大的区别。一般而言，快餐模式餐饮空间突出功能性照明即可，普遍采用 500 ～ 1000Lx 高照度来体现空间的实用、经济和效率（图 3-13）。酒店模式餐饮空间的照明设计因为要考虑消费者对食物品质和就餐体验的高要求，整体光环境要体现餐厅文化特色，营造舒适与雅致的氛围，灯光的分布要均匀、协调，一般照度应控制在 50 ～ 100Lx 为宜（图 3-14）。私密模式餐饮空间在照明设计上需要重点考虑消费者休闲娱乐、追求与众不同的氛围和符合私密模式这三个因素，整体光环境的设计上要求空间照度低，光线柔和，要以重点照明为主，通过空间光线强弱交替和颜色的变化来划分区域。（图 3-15）

图3-13　快餐模式餐饮空间

图3-14　酒店模式餐饮空间

图3-15　私密模式餐饮空间

（3）陈设绿化与景观。室内陈设也是餐饮空间中经常采用的装饰手段之一，室内陈设涉及生活的方方面面，不管是字画、雕塑、工艺品等艺术品还是人们的日常生活用具等，都可以成为室内装饰品，这就需要设计师根据不同类型的餐厅选用相应的室内陈设。优秀的室内陈设设计可以增加餐饮空间的趣味性，也可以吸引用餐者的视觉重心，也为就餐者提供文化享受，增加就餐情调。（图 3-16）

绿化是餐饮空间氛围营造的重要手段之一。绿化以其多样的形态、品种以及清新的色彩受到人们的喜爱。绿化有点缀“空白”，限定空间，丰富餐饮空间的视觉效果等作用。在餐饮空间的设计中，可以在一些不影响使用功能的空间设计室内绿化与景观。将自然引入室内，可以增加室内环境的气氛，这是室内环境与周边环境共同生长，是人与自然的对话。（图 3–17）

图3–16　餐饮空间的陈设

图3–17　餐饮空间的绿化

二、餐饮空间设计案例——晋江纯正堂私人会所

该项目位于晋江和平中路，占据青阳老城区中心，交通便捷，基地东侧紧邻晋江国际机场，西接丹阳路，南面规划快速路，距泉州、石狮均为 10 分钟车程。项目面向客流量较多的街道，人口密度，商业活动频度高，有充足的商圈购买潜力，方便消费者购买。（图 3–18）

通过客户所提供的与现场测量得出的原始平面结构图可以看出，空间整体比较通透，现有大部分的墙体为承重墙，这为后续的平面方案设计添加了更多的可能性。不足之处在于空间内部原有采光和通风设施不完善，空间后部分光线较为昏暗，且通风状况不佳。

图3–18　现状分析与周边业态

1. 前期调研

（1）结合图纸进行现场考察。本项目面积 542.6 平方米，在方案设计之前，业主提供了原建筑平面图、水电布置等图纸。设计团队仔细研究图纸，掌握建筑结构以及水、暖、电等设备布置情况；结合图纸进行现场考察，迅速了解项目实际情况。

（2）与业主沟通。设计团队与业主进行深入沟通，了解客户需求，着重调查了业主的倾向客户群以及对该餐饮空间的定位，基本确定了该空间（会所）最为合适的设计风格以及后续软装的搭配。

（3）现场测量。现场实地测量是空间设计中最为基础的要求。通过对现场空间面积、楼层高度、窗、墙体、柱体、强弱电、水路管道等的具体位置与尺寸的测量，确认空间的详细尺寸，以免造成设计上的失误。全面细致地收集数据，非常有助于提高后期计算机绘图的精度。

2. 设计概念与平面布局

（1）设计概念

①多种空间形态的组合。设计、分隔出形态各异的小空间并加以组合利用，使其层次丰富，相互流通，使人置身其间不觉得单调乏味。

②满足使用要求。设计所划分的各类空间，其大小、形式及照明等，均能满足餐饮活动的需求以及用餐者的心理需求。

③满足工程技术要求。餐饮空间中所运用的材料必须达到工程技术要求。此外，要为后期的各类施工留下合理的空间，确保所采取的声、光、电等设备设施在使用过程中有足够的安全性。

（2）平面布局

①原始框架分析。根据客户提供和实地测量的数据，对原建筑平面框架存在的不足加以分析（图 3-19）。本项目中，原建筑空间后半部分的采光和通风均不足，因此，物理环境的改善成为本设计方案中必不可少的一部分。这一阶段主要对平面原始结构进行分析，提出可行方案。（表 3-1）

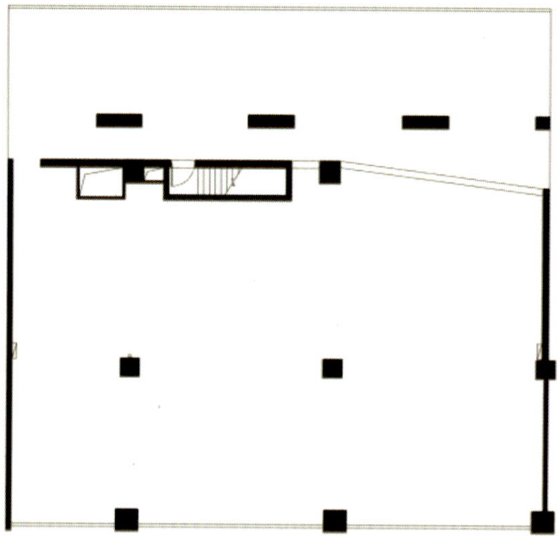

图3-19 原始框架图

表3-1 原建筑平面框架优缺点

优点	缺点	解决方案
地理位置优越 室内无非承重墙，减少施工成本 室内空间尺度、面积，能满足业主及设计的要求	通风、采光不完善，空间后半部分光线较为昏暗 承重墙较多	采用落地窗、镂空屏风 合理利用承重墙，将其作为隔墙的一部分

②功能布局分析。餐饮空间主要由餐饮区、厨房区、卫生设施、衣帽间、门厅和休息前厅构成，这些功能区和设施构成了完整的餐饮功能空间。在总体布局时，要把入口、前室作为第一空间序列，把大厅、包房雅间作为第二空间序列，把卫生间、厨房以及库房作为最后一组空间序列。空间流线清晰，功能划分明确，减少相互干扰；餐饮空间分隔以及桌椅组合形式应尽量多样化，以满足不同顾客的需求。同时空间的分隔也要有利于保持不同餐区、餐位之间的私密性不受干扰；餐厅空间应与厨房相连，而且应该遮挡视线，厨房以及配餐室的声音和照明灯都不能泄露到客人的坐席处。（图 3-20）

③各功能区关系分析。本项目中的空间包含了大堂、包厢、加工区、储藏室、卫生间、机房等，因此性质定义为人流、物流繁杂的餐饮空间，整个设计将员工动线区域与顾客动线区域分开，减少空间之

间的互相干扰，内外有别、公私分明。（图 3-21）

对空间进行初步规划后，利用动线进行分析，模拟人们在空间中的活动范围，验证功能定位、空间分配是否合理，对空间规划进行细微推敲。（图 3-22）

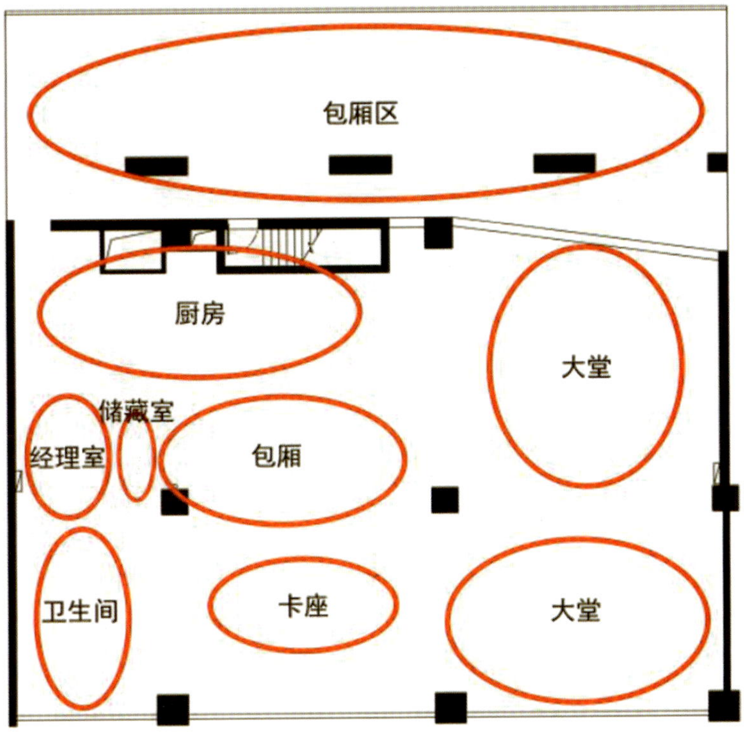

图3-20　功能布局分析

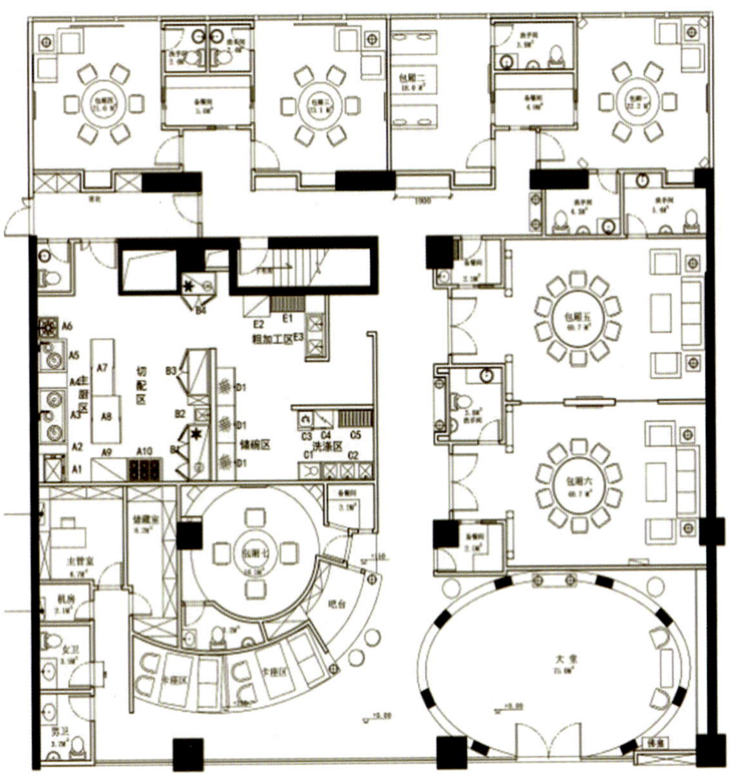

图3-21　平面布局

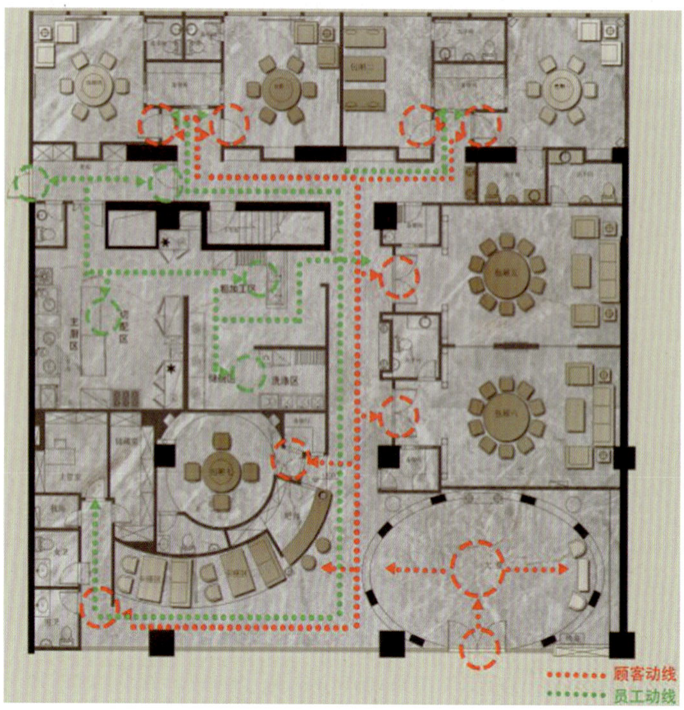

图3-22　动线分析

3. 项目深化设计

一个优秀的餐饮空间不仅能满足顾客的消费需求，还能满足人们对艺术、文化的需求。设计师需要时刻了解社会潮流变化，并在设计实践中通过创新的、具有文化内涵的设计来赋予餐饮空间特定的情感特性，以提升餐饮空间的商业价值。根据使用功能的不同，餐饮空间可大致分为门面、大堂、过道、包厢、厨房、卫生间、储藏室等空间区域。

（1）门面。门面的设计对商业空间非常重要，可起到促进销售的作用。在本方案中，橱柜上摆放的产品和新古典设计风格准确体现了本餐饮空间的类别和经营特色，宣传了餐厅的经营内容和主题，让顾客对餐厅的类型和定位了然于心。门面设计还体现了餐饮空间的高雅、尊贵，以及现代风格。（图 3-23）

图3-23　门面设计

（2）大堂。大堂是顾客从外部环境进入餐厅就餐的缓冲空间，是餐厅的交通枢纽，在设计时应考虑到环境的转变对顾客舒适度的影响。在本项目方案的大堂设计中，设计师考虑到温度、光照、声音这三种物理环境因素的调节作用，将其处理为：温度控制在合理范围之内，增加顾客进入餐厅时的舒适度；室内光线可根据室外光线进行自由调节，起缓冲作用；在天花和界面上使用隔音、消音的材料，使声音得到控制，即便在门厅气氛热闹时，也不至于让人觉得嘈杂。（图 3–24）

在本项目方案中，大堂左侧设有寄存区，方便顾客存放用餐时多余的物品。设立寄存区，可最大程度地防止顾客物品占用服务通道及人流通道，有助于提高餐饮空间的服务效率。

图3–24　大堂设计

（3）包厢。本项目方案中设置六个包厢，各包厢中单独设置洗手间、备餐间、休闲沙发等，除具有满足群体顾客用餐的基本功能外，还具有置放物品、挂衣、会谈、休息、备餐等功能。在设计时也考虑到顾客对私密性的要求，包间使用了隔音、消音的材料，避免噪音的干扰。为了提高服务效率，引入了信息呼叫系统，顾客通过呼叫便可得到相应的服务，不需要服务时可避免被服务人员打扰。（图 3–25 至图 3–27）

图3–25　包厢设计（一）

图3–26　包厢设计（二）

图3-27　包厢设计（三）

（4）卡座。考虑到一些散客就餐时有“尽端趋向”的心理需求，本项目方案将卡座设置在大堂左侧。利用地台、隔断、软装饰等，形成半包围结构的就餐单元，从而营造一种私密、幽雅的氛围。卡座布置在窗边，除具有私密性的特点外还兼具观景的作用。

（5）厨房。厨房是餐厅最重要的生产部门，它决定了餐饮产品的品质，影响餐厅的销售利润。在本方案中，厨房区由粗加工区、洗涤区、储碗区、切配区、主厨区等功能分区组成。厨房区连接员工更衣室，员工可以直接从更衣室进入厨房区，避免员工动线影响顾客动线。整体厨房区的规划从经营内容、规模、大小等角度出发，以实用为主，合理布局。

第二节　办公空间设计

一、理论基础

1. 办公空间的分类

办公空间不仅是指办公室之类的独立空间，还包括供机关、商业、事业单位等办理行政事务和从事业务活动的办公环境系统。

根据不同的分类标准，可将办公空间分为不同的类型。以办公空间的行业性质来划分，可分为行政办公空间、专业性办公空间、商业办公空间和综合性办公空间。以办公空间的布局形式分类，可将办公空间分为单间式办公空间、单元型办公空间、公寓型办公空间、开放式办公空间和景观办公空间。

行政办公空间即党政机关、人民团体、事业单位、工矿企业的办公空间。行政办公空间的设计风格多以朴实、大方和实用为主，具有一定的严谨性。

专业性办公空间指各专业单位所使用的办公空间，此类专业性办公空间在设计时既要满足专业功能，又要求体现特有的企业形象。

商业办公空间指商业和服务业单位的办公空间，其装饰风格往往带有行业性质，以与企业形象统一的风格设计作为办公空间的形象。

综合性办公空间即以办公空间为主，同时包含工商业、服务业、旅游业等，其办公空间的设计与其他办公空间相同。

单间式办公空间是以部门或工作性质为单位，分别安排在不同大小和不同形状的房间之中。单间式办公室根据不同隔断材料的使用，可分为全封闭式、透明式或半透明式。封闭式的单间办公室具有较高的私密性；透明式的办公空间则除了采光较好，还便于领导和各部门之间相互监督及协作。

单元型办公空间在办公楼中，除文印、资料展示等服务用房之外，其他的空间具有相对独立的功能。通常其内部空间可以分隔为接待会客、办公等空间。根据功能需要和建筑设施的情况，单元型办公空间里还可设置会议、盥洗等用房。

以公寓型办公空间为主体的办公楼，也称办公公寓楼或商住楼。公寓型办公空间的主要特点是，除了可以办公，还具有类似住宅的盥洗、就寝、用餐等功能。公寓型办公空间提供白天办公和用餐，晚上住宿就寝的双重功能，给需要提供居住功能的单位或企业带来了方便，适用于创业型公司。

开放式办公空间是将若干个部门置于一个大空间之中，而每个工作台通常又用矮挡板分隔，便于大家交流。这种办公空间由于工作台集中，省去了不少隔墙和通道的位置，节省了空间。同时装修、照明、空调、信息线路等设施容易安装，费用相应较低。开放式办公空间家具的使用、安装和拆卸都较为方便，家具规范，价格低廉。其缺点是部门之间干扰大，风格变化小，且只有部门人员同时办公时，空调和照明才能充分发挥作用，否则浪费较大，因而这种形式多用于大银行和证券交易所等大型公司。

现代的办公空间更注重人性化设计，倡导环保设计理念，这就是所谓的“景观办公空间”。其特点是，在空间布局上创造出一种非理性的、自然而然的空间形式，即“人性化”的空间环境。这种方式通常采用不规则的桌子摆放，室内色彩以和谐、淡雅为主，并用盆栽植物、高度较矮的屏风、柜等进行空间分隔。生态意识贯穿景观办公空间设计的始终，无论是办公空间外观、内部空间还是整体设计，都应注重人与自然的完美融合，力求在办公空间中营造类似户外的生态环境，使办公者享受到充足的阳光，呼吸到新鲜的空气。

2. 办公空间的界面设计

（1）顶棚设计。顶棚是房屋建筑的重要建筑部件，是室内空间中最富于变化和引人注目的界面。办公空间的顶棚设计要求造型轻快、结构合理、确保安全、设备布置有序且符合规范。常见的顶棚有以下类型：

①平整式顶棚。这是一种常见的办公空间顶棚形式，其特点是顶棚表现为一个较大的平面或曲面（图3-28）。平整式顶棚构造简单，外观简洁大方，其艺术感染力主要来自色彩、质感、风格以及灯具等各种设备的组合。其顶部平面吊木方或金属骨架，再钉上或放上各种平面的夹板、石膏板、金属板或复合板。平面吊顶分固定和活动两种，前者是钉上后再刮灰和涂喷颜色，所以整体效果平整、简洁；后者饰面通常已先做好，放在框架上即可，完工后的顶棚表面通常有格状或条状的装饰线，虽不如前者简洁，但便于维修。

平整式顶棚虽简单，但仍可通过平面的分割、接缝宽窄起伏的处理、色彩的变化、照明的方式等，塑造各种风格独特的造型。使用平面吊顶的前提是要有足够的高度，如面积在 30 ～ 40 平方米的工作空间，吊顶净空高度最好在 2.5 米以上；如果是更宽大的空间，则相应要更高些，否则就会产生压抑感。

图3-28　平整式顶棚

图3-29　叠级式顶棚

②叠级式顶棚。叠级造型是指在同一个空间中，把顶棚设计成一级到多级不同的高度。这种顶棚的优点是在较低的位置可以放置管道、线路和所需的照明，而其他的位置则可争取较高的空间，可使空间显得有层次感。这种造型的吊顶多用于门厅、大型会议室、通道、高级行政人员办公室等地方，特别是在一些高度不足，而原建筑结构梁又比较多的空间中使用。做此顶棚设计形式时，一定要注意顶棚和平面、立面的协调关系，顶棚叠级的位置应与平面的布置相对应，所形成的高低空间应符合使用者的功能和心理需求。例如，人走动或站立的公共空间可适当高些，坐下休息的空间可以相对低些。另外，还应注意叠级顶棚与立面的整体关系，如果立面造型丰富且复杂，顶棚就应尽量简洁。相反，则应在顶棚造型上力求丰富多变。（图 3-29）

③局部叠级式和局部吊顶式。局部叠级和局部吊顶是把管道、建筑梁或照明部分作造型顶棚，而保留其他部分的原建筑顶棚。这种形式由于可以在有效包管布线后，还可以最大限度地利用原建筑的高度，所以特别适合一些楼层低矮，但建筑梁柱比较规则的建筑。还可在承重结构下悬挂各种板材、格栅或饰物等，构成局部吊顶顶棚。办公空间采用这种设计时不但要注意造型顶棚和原建筑顶棚的协调关系，也要注意顶棚、平面和立面的关系。在开放办公区里采用这种设计可对局部区域进行限定。（图 3-30）。

④不吊顶式。在一些较低矮且管道线路较多的建筑中，通常不吊顶棚，而是让所有的管道和线路都暴露在外。这类建筑虽然没有顶棚，其总体造价有时反而更高。这是因为建筑的管道和线路外露，需要精心设计和安排，布局上追求均匀美观，通常要作水平垂直排列；在布线和线路完成后，还要用油漆把所有线路、管道、建筑梁都喷成统一颜色。（图 3-31）

图3-30　局部吊顶式

图3-31　不吊顶式

⑤光棚式。光棚式顶棚是在吊顶的局部或全部采用木材或金属作图案框架，在架上放置透光片（通常为喷砂玻璃、塑料灯片等材料），在棚架上排布日光灯，灯光通过灯片的散射使整个顶棚通亮。在一些高度不足且需吊顶的空间中，光棚可营造出高于实际尺度的空间感。光棚的优点是光照均匀、自然；其缺点是造价较高，耗电较高，透光片要定期清洁。（图 3-32）

图3-32　光棚式顶棚

⑥其他顶棚。在现代办公空间中，还常用金属板或钢板网、塑料栅格等作顶棚。可以根据设计需要在钢板网上涂刷各种颜色的油漆、在不锈钢板上打圆孔使顶棚视觉效果更加丰富。

（2）地面设计。办公空间的地面装饰设计既要经济适用，又要美观大方，还要有一定的隔音吸声、防潮、防静电等功能。具体而言，办公空间楼地面较大，一般不宜过于奢华，设计时需要选择既美观又经济的材料。

隔声要求包括隔绝空气声和撞击声两个方面。当楼地面的质量较好时，对空气声的隔绝效果较好，且有助于防止发生共振现象。办公空间大都需要安静，一些过于坚硬或撞击声较响的地面材料应慎用。对吸声要求较高的办公空间，一般选用软质地面材料。

办公空间中的某些资料和设备室需要防潮、防静电时，地面材料应首先符合功能要求，其次才考虑装饰方面的要求。

地面导视标志、地面图形与色彩设计，对烘托办公环境有一定的作用。办公空间地面的装饰设计要结合空间的形态、家具的布置、人的活动状况以及心理感受等因素综合考虑，妥善处理地面的装饰效果和功能要求之间的关系。

图3-33 地面图形与色彩设计

（3）墙面设计。办公空间的墙面设计有两种：一种是根据整个环境需要而设；另一种是为“遮丑”而设。前者是从大局出发，在需要的地方设置壁画、装饰造型、园林小景或艺术品陈设柜等；后者是因为原建筑产生的有碍美观的结构，如排水排污的管道、建筑梁柱等。现代办公空间的墙面设计较流行使用大面积玻璃进行处理，特别是走廊区域。这是因为玻璃可以使同样的空间在视觉上显得更宽敞；玻璃还有助于空间内各部门相互监督与协调工作。（图 3-34）

（4）门和窗户设计。门是办公空间设计中重要的组成部分，有着防盗、遮挡和分隔空间的作用。按不同的使用功能可分为单门、双门、通透式门、全闭式门、推开式门、推拉式门等，造型也可以千变万化。在塑造单位整体形象的主调下，进行变化和统一。若整体环境空间小，并且陈设比较多，门的形式就应简洁；若整体环境简洁，门便可设计得新颖醒目。办公空间的门或门套要留出办公室部门名称的位置，可设置门牌，也可直接雕刻或印贴在门上。门套和门相比，因不用活动，所以进行造型的余地就会更大。在一些创意类公司，其门套造型可突出个性化，塑造强烈的企业形象。（图 3-35）

图3-34 玻璃隔断

图3-35 门牌

现代办公建筑窗的面积往往比较大，对办公室内环境影响也较大。办公空间的窗帘一般选用百叶帘，也可选用布艺窗帘，也可以采用艺术化的图案和色彩，再加上窗帘造型的多样化和透光效果，其装饰效果更好。在窗台摆设绿植盆栽，既利于植物生长，又可使窗户成为自然景观。（图 3–36、图 3–37）

图3–36　窗帘装饰

图3–37　绿植盆栽

3. 办公空间的家具设计

办公家具从使用功能上分为办公家具和辅助家具。办公家具指为满足工作需要而必须配备的工作台、工作椅、文件柜等。辅助家具则指为满足会谈、休息、就餐等功能而设的家具，以及陈设家具。办公家具的配置应当充分考虑企业的工作需求，结合家具特点及与家具有关的人体工程学知识，选择符合使用功能需求且与环境相协调的家具样式。

家具在办公空间中的位置形式如表 3–2 所示；家具的布置形式如表 3–3 所示。

表3–2　家具在空间中的位置形式

形式	特征
周边式	将家具沿四周墙体布置，留出中间空间的位置。空间相对集中，易于组织交通，为举行其他活动提供较大的面积，便于布置中心陈设
广岛式	将家具布置在室内中心，留出周边空间，强调家具的中心地位，显示其重要性和独立性，保证中心区不受周边交通活动的干扰和影响
单边式	将家具集中在一侧，留出另一侧空间。工作区和交通区分开，功能分区明确，干扰小，交通成线形。当交通线布置在房间的短边时，交通面积最为节约
走道式	将家具布置在室内两侧，中间留出走道，节约交通面积，但交通对两边都有干扰

表3–3　家具的布置形式

形式	特征
对称式	显得庄重、严肃、稳定而静穆，适合隆重、正规的场合
非对称式	显得活泼、自由、流动而活跃，适合轻松、非正规的场合
集中式	组合单一的家具，适合功能比较单一、家具品类不多、房间面积较小的场合
分散式	分成若干家具组团，适合功能多样、家具品类较多、空间面积较大的场合

4. 办公空间的照明设计

光在空间的分布情况会直接影响光环境的组成与质量。在进行办公空间的照明设计时，要考虑视觉工作特点、环境因素和经济因素等。一般而言，办公空间的照明形式可分为基础照明、重点照明、装饰照明和综合照明。

基础照明是指大空间内全面的、基本的照明，其特点是光线较均匀，能使空间显得宽敞明亮。这种照明形式保证了室内空间的照度均匀一致，光线充足，便于任意布置办公家具和设备。

重点照明是指对特定区域和对象进行的重点照射，以强调某一对象或某一范围内的照明形式。重点照明的亮度根据物体种类、形状、大小以及展示方式等来确定。如办公桌上增加台灯，能增强工作面照度，相对减少非工作区的照明，达到节能目的；对会议室陈设架的展品进行重点投光，塑造企业形象。（图 3–38）

装饰照明是为创造视觉上的美感而采取的特殊照明形式，多用于大厅、走廊、会议室、高级办公空间等。装饰照明通常是为了增加人们活动的感官享受和加强某一被照物的视觉效果，以增强空间层次，营造环境氛围。这种照明通常采用灯带、特殊造型、点射光等形式。（图 3–39）

综合照明是在整体照明的基础上，根据空间的不同需要而增加的装饰照明。这既能使室内环境有一定的亮度，又能满足工作或特殊工作场所的照度标准需要，因而这种照明方式在现代化办公空间室内设计中使用的较为普遍。

图3–38　重点照明

图3–39　装饰照明

办公空间内，不同功能区域的照明设计是不同的。基本遵循以下设计原则：

（1）入口、门厅是办公楼的进出空间，是给人第一印象的重要场所，充分展示公司的业务特征和企业文化，除了依靠空间各界面的材料装饰，还应该充分发挥照明的艺术表现力来增强展示效果。

（2）走廊、楼梯照明注意不要造成人眼睛的不适。荧光灯之类的线状灯具横跨布置可使走廊显得明亮，也可以根据室内设计风格设定导向明确的局部灯光，既可以保障基本照度，又有一定的趣味性，楼梯间灯具的布置应努力减小台阶处的阴影和避免灯具可能产生的眩光，同时需考虑灯具的更换与维修方便。

（3）公共办公区照明设计常常在顶棚上有规律地安装固定样式灯具，以便工作台面得到均匀的照度。

（4）个人办公室的照明，整体来说是根据办公桌的位置确定，有明确的针对性，照明质量和灯具造型讲究实用与美观，其顶部照明亮度能达到一般的照明要求即可，房间的装饰部分通常由辅助照明来解决。（图 3–40）

（5）会议室的照明设计通常以会议桌为中心，进行照明的艺术处理，且其照度应均匀，且有一定的变化。参会者的面部也要有足够的照明，保证参与会议的人员相互之间能够清晰地看到对方的表情。还要注意多媒体、展板、陈列等与照明之间的空间关系。

图3-40 个人办公室的照明

5. 办公空间的色彩设计

办公空间设计的任何造型或布置均以形状和色彩来展现，色彩占有相当重要的地位。色彩会对视觉环境、人的情绪和心理活动产生积极影响。 办公空间色彩的设计，首先要确立一个色彩基调，然后通过装饰材料的选择、室内陈设、家具的色彩设计、照明色彩等共同达成。（图 3-41）

办公空间色彩的设计应配合企业的整体形象及文化特征，体现一致性。通过色彩元素相互组合，创造体现公司形象的整体色彩环境（图 3-42）。例如，可提取公司 LOGO 的主色来进行空间色彩搭配。

图3-41 家具色彩设计

图3-42 整体色彩环境搭配

一般来说，办公空间色彩设计应遵循功能原则、形式美原则、色彩与材质的配合原则。功能原则即在色彩设计时应首先考虑功能上的要求，力争体现与功能相适应。形式美原则即色彩的配置要正确处理色彩基调、统一与变化、稳定与平衡、韵律与节奏等各种关系。色彩与材料的配合主要解决两个问题：一是色彩用于不同质感的材料，将有什么不同的效果；二是如何充分运用材料本色，使室内色彩更加自然、清新和丰富。材质和色彩往往是相互作用、相互影响的。材质与色彩根据企业的需求应协调统一，共同营造办公环境氛围。

二、办公空间设计案例——厦门王巢餐饮管理有限公司

厦门王巢餐饮管理有限公司是一家从事餐饮管理、品牌连锁加盟、食品研发的专业性公司，致力于

中式特色餐饮的传承、推广。

项目位于厦门市翔安区，总面积约 480 平方米。与业主沟通后，设计团队了解到公司主要需要较好的展示与洽谈空间。具体功能需求包括前台、可以容纳 20 人的员工办公室、可以容纳 15 人的大型会议室、4 间小型洽谈室、展厅、行政办公室、副总经理办公室、财务办公室、总经理办公室、茶水间、资料室、储物间等。在整体风格上，确定为现代中式。

1. 设计概念与平面布局

（1）设计概念。厦门王巢餐饮管理有限公司办公空间设计旨在室内空间寻找与自然的连接性元素，回应自然，与自然共同生长，让办公环境朴实、简约，强调人与自然、人与人、人与社会和谐共生。项目设计遵从从人、文化及特定场所出发的价值观和理念。力图在中国传统文化的现代表达上，展现空间的文化魅力；希望通过这种对东方人文价值的坚持，在空间设计中体现一份对现代、文化、自然和社会的责任和使命。

（2）功能分区与动线分析。办公空间功能分区的安排，首先要符合工作和使用方便。从业务角度考虑，大多平面布局顺序应是门厅→接待室→洽谈区→工作区→交流与审阅区→业务领导区→高级领导区→董事会。本设计在平面功能分区中，以办公区、会议室、展区为中轴，两侧依次是独立办公区以及洽谈区。工作区靠近前台，方便人员接待。财务办公室靠近经理办公室，方便对接与管理。在功能分区中会议空间与洽谈空间占据较大比重，旨在方便员工与员工及员工与客户之间的交流洽谈，拉近人与人之间的关系。

动线，是指人走动所经过的路线，通常分为主动线和次动线。动线是符合人类行为学原理所设计的，旨在科学合理连接办公空间内部各个功能空间的线路。动线既是路线，也是纽带。本设计空间动线简洁明了，两条过道将各独立办公区、洽谈区与中心区域的工作区、会议室、展厅相连接，便于各部门人员之间的沟通交流以及集体会议时人员的集中和疏散。

（3）平面布局。整体布局采用 U 字形，将独立办公室分布于建筑两侧，规划出合理的功能区域，形成自然流动的线路，营造出自由舒适的办公氛围。半通透的玻璃隔断的处理，围而不合，带来自然采光，让空间自由活泼。空间用了大量温暖的木格栅，并组成木质的空间体块，这些体块以整个白色空间为背景，进行功能与空间节奏上的构筑，形成富有韵律的空间形态。（图 3-43）

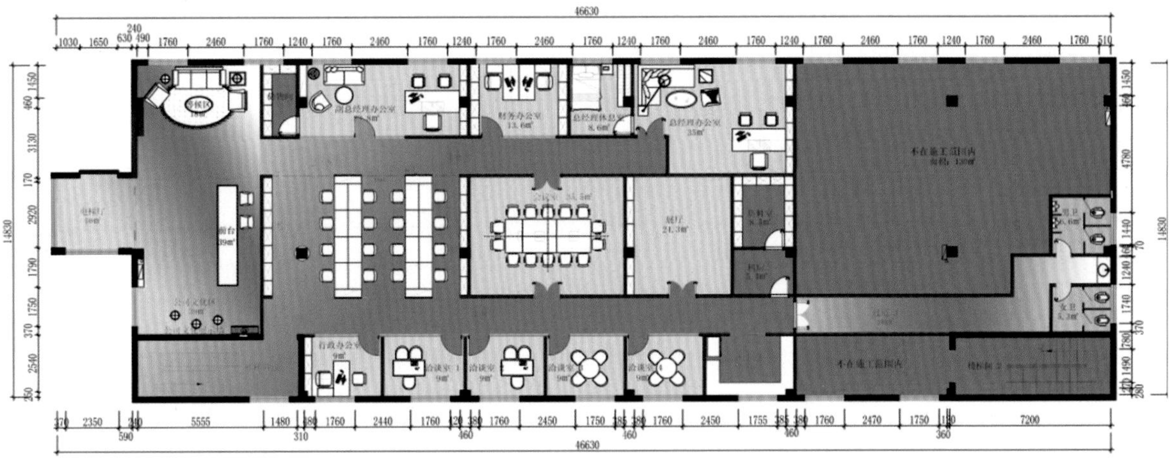

图3-43 平面布局

2. 项目深化设计

（1）门厅与等候区设计。门厅处于整个办公空间最重要的位置，是给客户第一印象的地方，也是最能体现企业文化特征的地方，要精心设计，重点装饰。门厅的面积要适度，过大会浪费空间，过小则影响企业形象，门厅的面积一般在几十至一百余平方米之间。门厅一般会安排前台接待，也可根据需要布置等候区。等候区是客人等待的地方，也是产品展示和宣传企业形象的地方，设计应有特色，面积不宜过大。家具可选用沙发、茶几组合，也可选用桌椅组合，必要的时候两者可以共用，只要分布合理即可。接待室要根据陈列柜、摆设框和宣传品的位置来做整体布局。

本项目以白色为空间主调，令来访者一踏入便有豁然开朗之感。白色是一种拥有无限想象力的颜色，它能使人精神放松。顶面采用木格栅错落排列，富有节奏和韵律，生态自然，表达了自然界的瞬息万变。顶面的基础照明与墙面的重点照明相结合，主次明确，奠定了良好的空间基调。地面采用仿古砖镶嵌绿植，自然而大胆的材料使空间的质感随着时间的推移更显韵味。右侧设有企业文化展示区，再配合简约而具有设计感的摆饰、陶瓷、三两只鸽子等增加空间的生气，使整个氛围变得生机勃勃。波浪线的水纹肌理前台背景墙，很好地融入了装饰风格。倒梯形的前台造型，黑色的体块穿插，在极简的空间中表达了青山绿水的自然之美。等候区配以暖色调舒适家居，给人宾至如归之感。(图 3-44）

图3-44　门厅效果图

（2）通道设计。通道是不可少也不宜多的地方，在平面布局时应尽量减少或缩短通道的长度，这样既可以节约空间面积和造价，也可以提高工作效率。通道的形式按结构可分为三种：集中型结构、线型结构、分散型结构。通道形式的选择主要与公司的特定组织结构和经济实力紧密联系在一起。但通道的宽度要足够，如主要通道的宽度在 1800 毫米以上，次通道则不要窄于 1200 毫米，这除了便于行走，也满足安全的需要。

本项目通道两侧没有设置实体墙，而是玻璃隔断，这样可以充分地将自然光从经理办公室引入走廊，为内部提供充足的采光，增加空间的渗透性。木格栅的依次排列对办公室与走廊进行了空间分割，同时打破了过于单调的白色墙面，增强了空间的层次感。顶端的池鱼画作在射灯的重点照明下变得生动活泼。地面将前厅的仿古砖元素延伸到走廊，形成质朴的空间。顶面成群的纸鹤造型灯具错落有致地排列，生动活泼，寄托着对美好生活的向往。（图 3-45）

图3-45　过道效果图

（3）工作区设计。工作区即员工办公室，要根据工作需要和部门人数，并参考建筑结构来设定面积和位置。在工作区安排前，先要平衡与其他功能空间的关系。在布置时应注意不同工作的使用要求：如对外洽谈的，位置应靠近门厅和接待室门口；统计或绘图的，则应该有相对安静的空间。要注意人和家具、设备、空间、通道的关系。工作区的室内布局主要体现在办公桌的组合形式上，一般办公桌多为横竖向摆设，若有较大的空间时，可考虑斜向排列等方式。对开敞式办公区来说，办公桌的组合更需要有新意，这样才能体现企业的文化与品味。在开敞式办公区里，常会安排 3 ～ 4 人的小会议桌，方便员工之间及时交流讨论。

本设计采用自由开放的办公室布局使空间的使用和功能更加灵活，办公室采用米色的石材地面，吊顶保留原有构建，通过艺术吊灯为空间很好地进行点缀，温馨而精致。在办公家具的选择上采用原木材质的桌椅和简约风的展架，使得室内的装饰贴切自然，加以精致摆件饰之，使空间朴素之感得以提升。（图 3-46）

图3-46　工作区效果图

（4）会议室设计。会议室是与客户交谈和员工开会的地方。在设计会议室前首先要明确会议室的使用目的，然后再决定会议室的形式、规模和数量。特别需要考虑的是如何提高其使用效率。会议室面积的大小取决于使用需要，如果使用人数在二三十人之内，可用方形、圆形、椭圆形等大会议台形式。大会议室应设主席台。设备与资料室的面积和位置除要考虑使用方便，还应考虑保安和保养、维护的要求。

本案会议室的设计把科技和传统、现在和未来、极简和装饰完美地融合在一起，平衡了空间中的对比元素，创造出了舒适而精致的氛围。地面采用荷花地毯，通过对其形的分解重构，提取其优美线条与顶面水墨画作的灯膜遥相呼应，分层布置，是以反映中国文人品位，给参与会议的人不同的感官与心灵体验。墙面沿中轴线呈对称分布，用抽象山水画加以点缀，线与线、线与面形成序列，显得空间庄重典雅。这就是对传统建筑的现代方式表达。（图 3-47）

图3-47　会议室效果图

（5）洽谈室设计。洽谈室采用大量的玻璃开窗使得办公室内部撒满明亮的自然光，既使整体办公空间获得更加通透的室内环境，也增加了各空间的透视效果。木质墙面及顶面的处理延续了整体空间亲切自然的风格，而木质家具的设置更是营造了轻松的洽谈气氛，让客人宾至如归。洽谈室设置在工作区一侧，灵活的办公格局让使用者根据各部门的工作需求进行空间的合理使用。同时，也使员工与来访者获得了良好的空间互动。（图 3–48）

图3–48 洽谈室效果图

（6）领导办公室设计。领导办公室通常分为最高领导和副领导办公室，两者在装修档次上往往有区别。这类办公室的平面布局设计，应选择通风采光条件好、方便工作的位置。面积要宽，办公椅后面可设装饰柜或书柜，增加文化气息。办公台前通常有接待洽谈椅。在面积允许的情况下，可增设带沙发茶几的会客和休息区。不少单位的领导办公室还单独设卧室和卫生间。

在本项目中，总经理办公室的设计剔除了繁琐的办公室设计元素，将点线面与灯光应用相结合，用最直白的设计语言体现空间所营造的氛围，打造了一个既个性又雅致的办公环境。顶面线条最终汇集到一点，隐喻公司的凝聚力，墙面灯带造型是对中国水墨山水的隐喻，地面采用水墨地毯，结合中式家具、复古摆件、原木台面，烘托空间的文化气息。（图 3–49）

图3–49 领导办公室效果图

图3–50 展区效果图

（7）展区设计。企业展厅作为企业展示自身品牌形象的重要场所，通过优化企业形象，集中展示企业产品而获得客户的信任，让客户了解企业的文化、产品、品质、服务等各个方面，更可作为客户来访参观、交流、洽谈的场所。企业展厅力求表现的是企业的整体形象，既要有时代感，又要有企业的特色。一个好的企业展厅留给观众的是清晰、强烈的印象。简洁、明快是吸引观众的最好办法，照片、图表、文字说明应该明确、简练。此外，展厅中一定要有突出的亮点，通过造型、灯光等手段突出重点展示内容，或通过单独陈列、利用射灯等手段突出、强调重点展品。在企业展厅的设计中，如果能将企业的文化理念融入其中，贯穿于整个展厅，无疑会让企业展厅更上一个台阶。这样，观者所看到的就不再是简单的有形展厅形象，更能从展厅感受到该企业精神层面的深层次内涵。（图 3–50）

第三节 商业展示空间设计

一、理论基础

1. 展示空间设计的概念与特点

商业空间中的展示设计是对美术陈列、装置设计、环境艺术设计以及消费心理学的综合性概括，它是一种展示方法的统称，是一种艺术形式有商业目的的体现，也是艺术与商业结合的产物。商业空间中的展示设计综合性很强，在设计程序上及传播途径上都较为特殊。商业空间中展示设计最直接的目的就是促进销售，同时必须契合商业空间的品牌地位、风格等软性指标。

商业空间中展示设计的空间形式和容量足够发挥不同的主题创意，可根据主题进行延展同时又可独立成为吸引人驻足的展品。由于商业空间大都封闭，不能产生户外光照，所以公共区域通常采用户外自然性设计。（图 3–51、图 3–52）

图3–51　商业空间

图3–52　展示空间

2. 展示空间的分类

（1）专类展示空间。专类展示空间可以分为品类专卖店和品牌专卖店两种类型。品类专卖店是指那些经营销售特定类别商品的商店，如鞋店、运动服饰店、首饰店、副食品店等。其特征是主要经营某一门类的商品，数量多、品种全、有针对性、顾客的选择范围大。超级市场就是借鉴其形式发展出来的。另一类是品牌专卖店，是专门经营某一品牌产品的店铺，品牌产品可以是同一类别的，也可能是不同类别的。品牌专卖店最主要的特征是店面设计精致讲究，品牌形象突出，以高品质的综合服务促进销售。优秀的品牌专卖店主要为中上层消费者服务的，中高端消费者对商品选择有很强的针对性，要求较高的商品品质与附加价值。（图 3–53、图 3–54）

图3–53　专类展示空间（一）

图3–54　专类展示空间（二）

（2）百货展示空间。百货展示空间早期是由杂货店扩展发展而成的，采取薄利多销的策略获得了阶段性的成功。中期的百货店受到超级市场和专卖店的冲击，转型突出商品的专业化，提高商品的档次。现今百货店的特点是主要经营中高档商品，主要客户集中在中高端人群，注重服务的品质与多元化。百货店大多坐落在城市中心较为繁华的地段，商业体量大，可以带动周边区域的发展。百货店采取分区域经营管理的理念，按照商品的特色、类别、目标人群等分为多个区域，有些包括餐饮区和娱乐休闲区等。百货店的出现为展示设计提出了新的要求，环境布局自由开放，突出敞亮高大的公共空间。百货店的成熟为购物中心的兴起提供了基础。（图 3-55）

（3）超市展示空间。超市展示空间是一种以价格低廉的商品和自助式选购方式来吸引顾客的零售业态。货架的展示形态要求统一，采用列队式的整齐布置，最大限度地利用空间；商品的陈列以摆放为主，便于顾客挑选和拿取，决定了其实用、朴素的整体展示风格。（图 3-56）

（4）购物中心展示空间。购物中心展示空间最初起源于商业街的室内改建形式。在我国，商业购物中心已经成为体量最大的商业购物场所，深受国人的喜爱。购物中心的经营业态十分丰富，不仅包括商业百货店、各色专卖店与超市，而且集合了众多的娱乐休闲设施，如餐厅、快餐店、咖啡馆、影院、美容美体馆、艺术空间、教育机构等，融商业、娱乐、休闲于一体，更成为全方位家庭体验式的活动场所。就组合形式来说，购物中心通常已经包含了百货店，商业街、专卖店、超级市场等商业形式。（图 3-57）

图3-55　百货展示空间

图3-56　超市展示空间

图3-57　购物中心展示空间

3.商业空间展示设计的要素

表 3-4　展示设计要素

要素	特点	
空间要素	展示设计是一种人为环境的创造，空间规划就成为展示设计的核心要素。所以在对空间设计进行探讨之前首先要明确空间的概念，利用空间要素来满足人们的审美及使用需求。展示空间应当满足受众的基本需求，以人为本，运用已有的优秀的资源，提高展示空间的品质	
色彩要素	一个商业空间的展示设计定位源于对空间布局及色彩的理解，以及对商业经营理念、品牌文化等的深厚理解。商业空间中展示设计要遵循基本的色彩原理及色彩氛围，色彩感觉是吸引消费者注意的第一元素，所以商业空间中展示设计运用的元素则可以新奇多变，富含设计趣味	
光环境要素	光是展示设计的一种语言，同时光的运用最能振奋人的精神，从侧面向观者诉说所展示产品的设计理念和艺术追求，从而激发观者的购物欲望。光是隐形的，控制着展示场景与展示产品，光影的功能运作和色彩形象，塑造产品外在的形式之美，诱发人们去欣赏展品及展示区域。光影与色彩是构成展示空间的重要组成部分，是空间造型和环境渲染表现不可缺少的要素，因此设计者要关注光环境在展示设计中的运用	
消费心理要素	商业空间中的展示设计包含了大量视觉营销的理念，通过不同形式的展示，以及氛围的营造来刺激顾客的消费，对顾客原本的消费心理和消费结构产生影响。对于商业空间中的展示设计来说，分析顾客消费心理并通过设计去影响消费心理是展示目的完成的重点。准确把握目标心理，有助于实现销售的完美表现以及对品牌的大力推广	
品牌概念要素	品牌概念是一种无形的要素，品牌概念是在展示的过程中消费者对企业品牌和产品认知的过程，是商业空间不断获得竞争优势而必须构建的一部分要素。最高级的展示设计是利用品牌符号，把无形的营销网络铺建到社会公众心里，把产品输送到消费者心里，这就是品牌概念的营销意义。同时品牌能够传达不同的价值意义，能够彰显购买者的品味及地位，所以不同品牌端位对于展示设计的需求也不同，往往越是高端品牌以其高知名度在展示的过程中并不需要做过多的、繁杂的解释和装饰，而利用简单的空间造型和色彩关系来表达品牌理念	

4. 商业空间中展示设计的应用

商业空间中的展示设计，主要是以公共区域位置为主。本书着重梳理商业空间中展示设计部分，主要涵盖五大部分，即入口装饰、橱窗、中空吊挂装饰、舞台展台及辅助部分。这五部分有不一样的目的、需求和展示方法，以季节或者节庆为时间点而变换。这些软性的装饰是最直接的氛围营造者，比硬装中的大理石地面、玻璃天棚、木质扶手等更能凸显商业活动的氛围，更能激发消费者购物欲望。这些非结构性设施是购物中心吸引顾客同时促进销售，增加消费喜悦感的有力手段。同时是提高整体商业氛围及客户质量的一种方法。

（1）橱窗设计。橱窗是当代零售行业的重要营销手段，它不仅能激发消费者的消费热情，也能让人们欣赏到橱窗设计师的无限创意以及其对品牌的诠释，所以橱窗设计投入资金比一般的展示设计要多。橱窗的最大作用是提高进店率，它本身对服装的销售和推介作用并不大，所以对于橱窗模特着装的选择应视当时的目的而定。如上市新品、重磅加推的经典款，都是橱窗选择的重点。（图 3-58）

图3-58　橱窗展示设计

图3-59　吊挂装饰

（2）吊挂装饰设计。吊挂装饰是近几年开始越来越流行的一种装饰，大多置于中庭和人流动线的交汇处，即大型商场的公众活动空间。商业空间中吊挂装饰对于活跃空间气氛、丰富空间层次、氛围营造、提升整个商场的空间质量和档次都具有非常积极的意义。英国的一家商业空间的餐饮休息区，利用气球及 LED 低温灯泡将原有中厅顶棚空旷的视野区域进行调补，在增加视觉震撼性的同时增强整体商业空间的格调，以一种超现实的手法来表现这种有视觉冲击力的吊挂装饰。常见的吊挂装饰有单一居中的大型吊饰，也有散点布局的群组吊饰，以及作为指引性标志的装饰物，这些吊挂装饰各有其不同的作用和效果，设置方法也不同。

在空间设计上尽量把握各个层次的形状、高度的差异化，使各个层次能有不同的特色或主题，以便给人一种新鲜感，避免同质化，使商场更具有流动性和观赏性。（图 3-59）

（3）舞台、展台设计。舞台和展台是一场商业活动最核心的部分，布局在多个扶梯中间及人流交汇处，多处于高度集中的视觉中心。

展台和舞台设计起始于目标的选择，落实于展览目标的实现，体现在每一个设计的细节，不论使用何种设计技术、技巧，也不论采用何种背景（包括展架、道具、装饰），主角都是舞台、展台和展品，不能喧宾夺主。展出内容不能受制于表现手法，不能为了突出设计而忽略要展示的内容。展台和舞台设计的艺术性表现在：富有吸引力、令人赏心悦目、给人以良好的感觉、给人留下深刻的印象、使其能产生最佳的视觉效果和良好的心理效应。（图 3-60）

图 3-60　舞台展示设计

5. 商业空间中展示设计的氛围营造方法

商业空间中根据展示设计目的、需求和展示方法的不同，有以下几种方法。（表 3-5）

表 3-5　不同展示设计方法

画面定格展示法	
特点	示例
所谓画面展示法，就是将所展出的展品以画面形式定格于一个区域之间，营造一种唯美的瞬间的效果，将产品、品牌理念、季节变化、节庆氛围等信息通过画面展示的形式传播出来。画面展示法常应用于橱窗以及 Display 点上，将所展示的商品以一个唯美的画面形式定格于展位之上或将某些道具动作定格于某种状态、瞬间，呈现独特的风格、视角，从而进行展示。橱窗是一种大开间、短进深的结构形式，很像一幅画或一个小场景，加之其灯光配色等方面的渲染可以呈现橱窗设计独特的唯美效果。让顾客能够置身其中感受商品的展示氛围，并联想到购物之后拥有展品的生活状态，通过这种联想从而激发消费欲望	
构成法	
特点	示例
构成法重点是分析构成整个设计的主要元素有哪些，将主要元素拆分重组，变化再利用，从而表达主题。通常将所展示的区域按界面进行分割，将地面、墙面、棚面、空中装饰等各维度的设计进行整合，利用光照、安装方式等方面的不同变换，从而形成最佳的展示效果。此方法的重点是要找到与主题契合的元素及色彩然后逐一进行提炼并重新排列组合，以及找到适合主题的展示形式及方法。构成法中的连贯方法也是将一种设计元素多处使用，在只做微调的基础上，将构成元素应用到每一个道具之中，从而使设计拥有清晰的脉络感。对于商业空间的展示设计来说，连贯性是非常重要的，因为每场展示设计都要有一个贯穿的线索在其中，同时不同的场次设计在风格上也要有一定的关联性，延续一个整体脉络	
几何展示法	
特点	示例
随着抽象艺术以及波普艺术在国内的流行，将具象的物体几何化成为了近几年设计领域越来越流行的一种设计方法。尤其在 2015 年《秘密花园》的绘本式涂鸦艺术手册在普通大众中流行开来后，对于将现实中元素几何化的设计方法更是受到推崇。以各类季节性展示设计为例，季节性设计的主元素每年都要被重复用到，那么在这种高重复率的情况下，将主题物几何化就是一个极为方便快捷的创新方法。例如，呈现最终元素只是正常的水果造型往往不会引起顾客的过多重视，而将其制成几何造型后，观者有了不一样的视觉感受后就会自然而然的产生愉悦感和联想，从而达到影响顾客进店并促进消费的效果	

二、商业展示空间设计案例——厦门海晟房地产开发有限公司售楼处

售楼处原本是一个为买卖楼盘提供服务的场所。随着房地产行业的发展，售楼处演变成多功能场所，既可以用来展示楼盘形象，进行现场宣传或广告宣传，又可以接待顾客、洽谈业务、进行实际交易。在售楼处被赋予如此多的使命之后，售楼处的设计效果日益被重视。在处理售楼处的设计时，一定要着重体现楼盘特色，只有突出的形象特征才能影响顾客的第一视觉，同时带来良好的口碑和心理感受，从而增强购买欲。从某种程度上说，售楼处的设计水平也展示出了我国当代设计师的设计水平。本节以福建省厦门市翔安区海晟地产售楼部为例，对商业空间中的展示设计流程做详细剖析。

售楼处总体设计需要解决两个基本问题：一是组成内容及形态的确定，二是各项内容之间组织关系的确定，场地设计核心是组织好项目各组成部分的相互关系，处理好场地构成要素之间及其部分的相互关系，其中既包括功能关系，也包括空间、视觉和景观等方面的关系。

（1）场地设计要因地制宜，集中紧凑，节约用地；

（2）分区明确，布局合理，联系方便，互不干扰；

（3）合理、高效的组织交通以及各种流线互不交叉；

（4）必要的室外场地，便于集会活动和停车；

（5）充分考虑周边自然条件及人文景观，做到形象醒目的同时，使售楼处成为城市和楼盘有机组成部分。

1. 前期调研

厦门海晟房地产开发有限公司专门从事房地产开发和经营业务。海晟 2014XP04 项目位于厦门市翔安区政府行政、文化、商业中心区，祥吴一路与祥福路交叉口东南侧，祥吴二路西侧，紧邻翔安区政府、劳动公园与汇景商业中心。占地面积 17056.025 平方米，总建筑面积约 58145.455 平方米，地下室一层，建筑面积 14746.7 平方米。1#、2#、3# 楼 3 栋建筑的层数为 32 ～ 33 层，建筑高度 100 米以下；5#、6#、7# 楼 3 栋建筑的层数为 4 ～ 6，另花园洋房；4# 楼为变电所。建筑风格为现代中式风格。（图 3-61）

图3-61　海晟售楼处地理位置

2. 设计概念与平面布局

（1）设计概念。售楼处虽然作为一个商业性场所，但也需要一定的艺术性和文化性来承托。一个优质的售楼处室内设计，在满足其销售目的后，还需要加入适当的艺术感和文化元素来提升空间的内涵。近年来，人们对房地产业需求不仅体现在物质上还表现在精神上，可见文化元素在人们购房行为中发挥着越来越重要的作用。这也是对我们设计师提出的要求，要求我们在做设计时了解社会最新的潮流变化以及即将改变的潮流动向；要求我们在售楼处室内设计过程中，能综合地、理性地将文化运用到每一个细节中，这里的文化是指楼盘小区的文化、房地产商的企业文化、售楼处的建筑文化、设计文化甚至售楼处所在地的城市文化等。

想要赋予原本毫无情感的楼盘项目一种情感氛围，我们可以通过设计别具一格的、具有文化内涵的空间来实现。这样的空间毫无疑问会成为文化的载体之一，承载着文化的内涵，从而也提升了自身的价值。因此，售楼处不仅是一个窗口、背景甚至销售场所，其表现更多的是，将其文化内涵传达给购房者。（图 3-62）

图3-62　概念元素提取

建筑的总平面规划是指整个建筑总体布局，售楼处的建筑总体布局就是其楼盘的总平面规划，这是设计师开始设计工作的第一步。在规划阶段，需要对基础资料进行分析，了解项目的周边环境，处理好各种功能划分与区域空间的联系，确定各功能分区的位置，才能对项目采取相对全面的规划设计。售楼处不同于一般的建筑类型，具有较强的媒介属性，它需要一个能被强烈感知的外部形象来支撑。它和其他商业建筑一样，需要有强烈的视觉冲击力和影响力，能通过其新颖形式来吸引人群。不同于其平面规划，售楼处作为楼盘和小区的形象代表，其外立面的造型特点是我们首先要掌控的要素，同时也是最能给人留下难忘的第一印象并带来视觉冲击的设计要点。（图 3-63）

（2）平面布局。设计师在规划平面布局时，不仅要考虑室内的交通动线还要考虑该项目周边的交通流线因素。首先要确保其交通环境安全、便捷，不会造成车辆和人群拥堵，能方便购房者快速找到入口和停车处。因此，需要特别留意其周边停车位的使用情况及变化，也可以为售楼处设立独立的停车场，或综合利用周边的临时停车位，方便购房者使用。此外，还要考虑售楼处和样板房之间的联系，这一点颇为重要，要安排合理恰当的设计流线，将两者以完全相连或相对分离的形式展现出来。再完善以上几点之后，需要我们着重研究的便是售楼处室内的平面布局，其第一环节就是要根据室内的户型来进行平面布局，此时需要全面的考虑规划合理的售楼处空间。

不规则平面布局是利用基本几何形的叠加、错位、翻转等手法重新获得的一个新的组合形体的平面。这是建筑上所提到的加减法的设计。这种方法形成的空间灵活多变，在视觉上具有较强冲击力。如翔安海晟售楼处平面，空间格局的设计开阔且深远，在设计中加入多层次的景深，层层交叠，为营造空间的多变灵活气质奠定了坚实的基础。

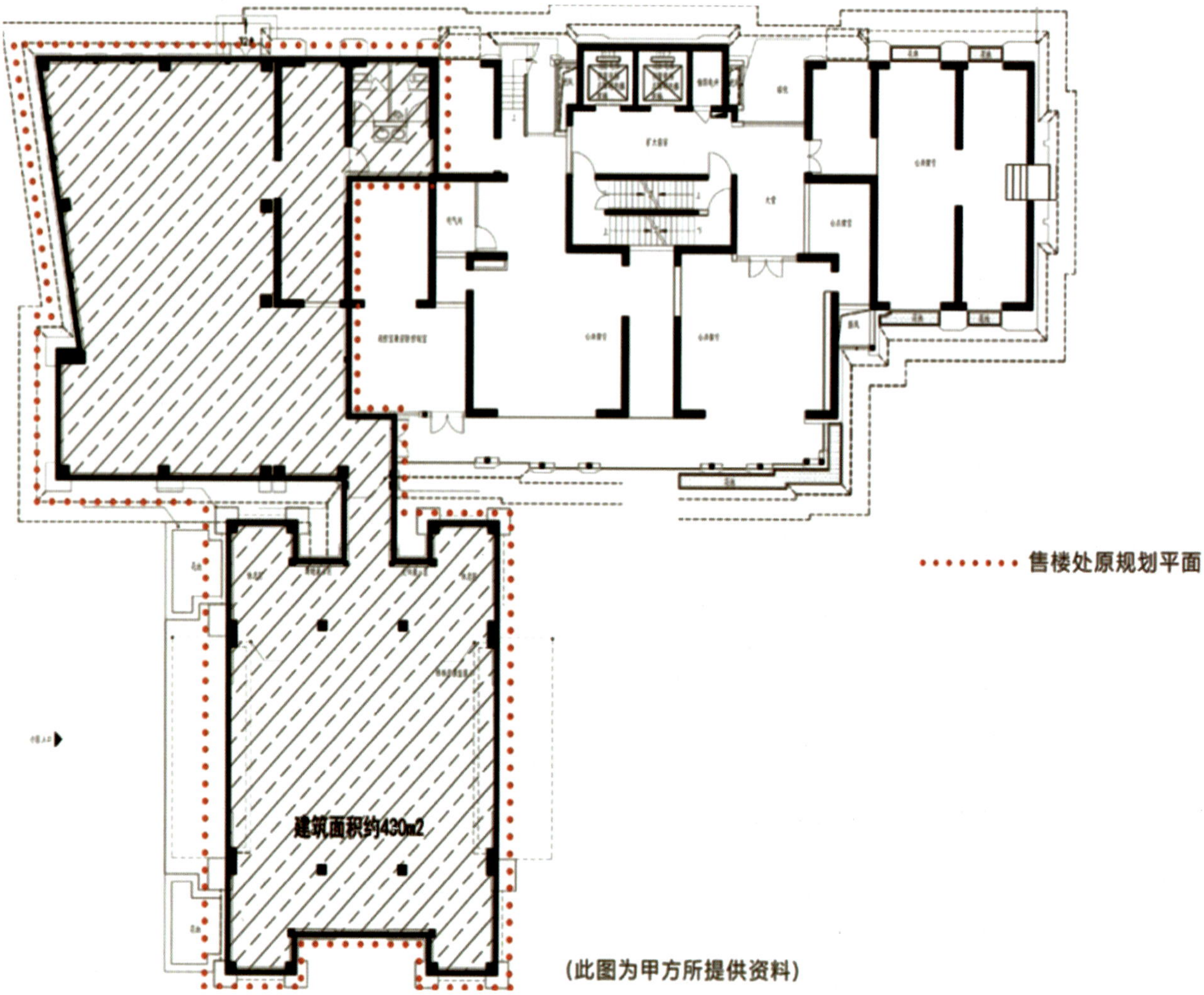

图3-63　售楼处原规划平面

3. 项目深化设计

售楼处室内空间的区域化分主要根据其使用功能的不同来分。大致可分为接待区、洽谈区、展示区和办公区等。在这些使用功能以外，售楼处还可以根据自身的营销情况增加其他辅助功能为购房者提供更全面的信息和服务，如增加多媒体影音区域可以给顾客带来更直接的信息，也可以增加其互动性，从而促进项目营销；或者增加儿童活动区等专门的区域给购房者带来更丰富的生活体验。由于售楼处空间的随机性较强，部分售楼处会将接待区和洽谈区合并成为一个区域；部分售楼处会在内部设置样板房；部分售楼处会在外设置独立连廊与样板房连接；部分临近施工工地的售楼处，往往会把工程部和公司办公设置在内。本章节以下内容就将重点分析售楼处室内的主要功能分区。（图 3-64）

（1）展示区。展示区是在售楼处中给顾客提供最全面的、最清晰易懂的与楼盘项目息息相关的重要信息的区域。换句话说，展示区就是整个售楼处中最为核心的一个区域，也是最有效的一个辅助销售区域。销售人员在该区域通过沙盘讲解、图纸图版的展示，使购房者获得有关楼盘项目的详细信息。在售楼处室内装饰中一般会将展示区设计成视觉焦点。该区域的在售楼处中占有较大面积，一般为总面积的30% ～ 50%。展示区中最为主要的展示品就是模型，且配备了多种多样的模型，有总体规划模型、建筑单体模型、室内户型平面模型等，其比例需要根据实际楼盘规模来确定。设计师一般会根据开发商和代理商的意见进行模型放样。在模型周边应备注其实际比例，防止购房者理解错误。模型中也可以加入

灯光、色彩、材料的装饰来呈现其需要表达的信息，整个意图都是清晰明朗地向购房者展现项目的优势。（图3-65）

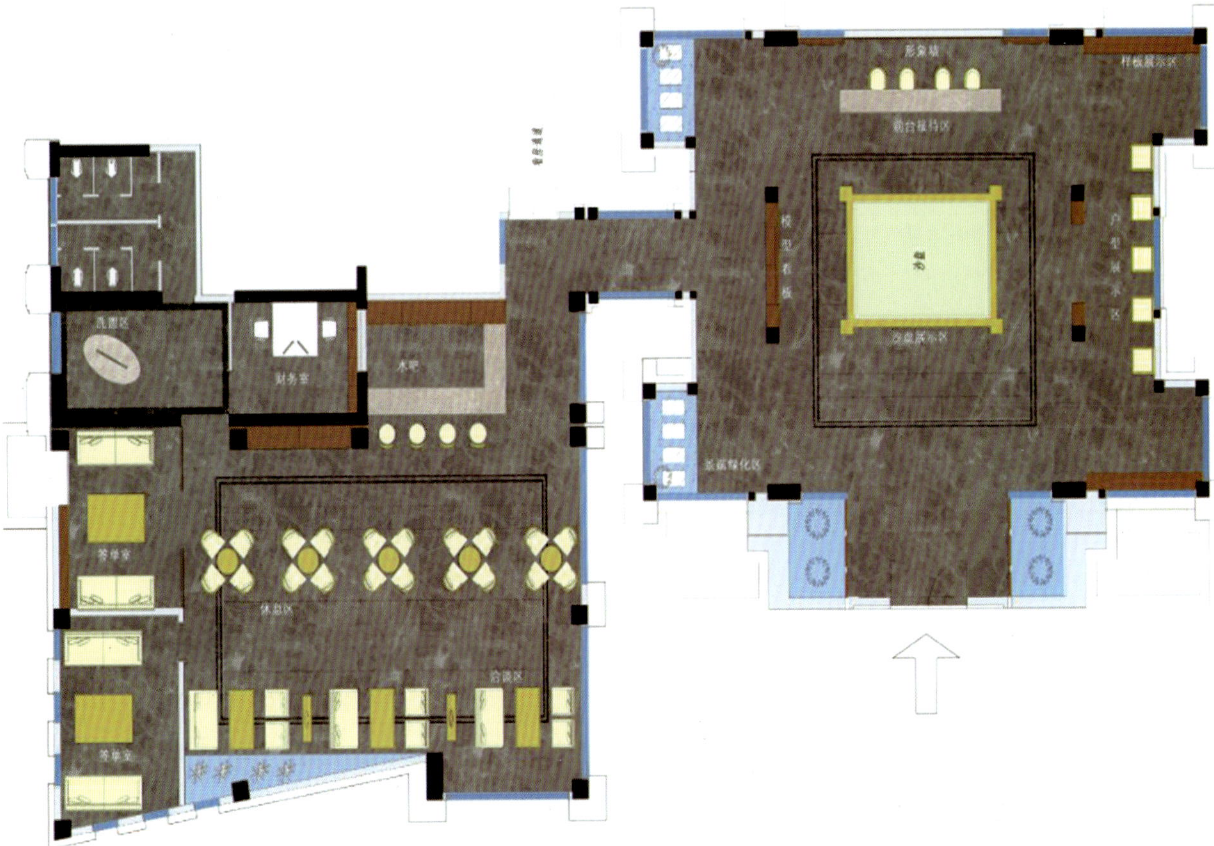

售楼处平面布置图

图3-64　售楼处平面布置图

图3-65　展示区效果图

（2）接待区。接待区一般设置在售楼处的入口处，是购房者进入售楼处的第一视觉焦点。在该区域中，会有销售人员向购房者提供楼盘相关信息，如营销现状、商品价格以及户型图纸等。通过这些简单的了解，销售人员会按照购房者的意向引领其参观售楼处内部展示区中的详细信息，有的甚至会安排去样板房看房。因此，接待区从某些方面来说也可以作为一个销售地带。根据售楼处的室内平面设计，一般接待区域都会安置接待台并且在接待台附近安插企业的 LOGO，作为形象墙展示给购房者。形象墙要充分展现发展商的实力，最好能直接向顾客传达开发商的经营理念和企业文化内涵甚至品味和档次。接待区域的销售人员数量根据楼盘在售商品房的数量来确定，少至两三人，多至十几人。接待区附近往往会设有与项目楼盘相关的纸质宣传资料供购房者参阅。（图 3-66）

图3-66　大堂背景墙立面图

（3）洽谈区。洽谈区是销售人员与购房者进行交易谈判、讨价还价、最终确定交易的地方。在该区域中，通过交谈，购房者将了解到项目楼盘的详细信息，如规划指标、周边环境、装修标准、价格以及购房程序等。售楼处洽谈区空间的大小需要按照楼盘项目的大小以及前期调研的人流量来确定。一般为了舒适的交谈会配备桌椅以及沙发，为不给购房者带来压力，其氛围以轻松、愉悦为主。售楼处的洽谈区不做封闭的布局，大多以开敞式的形式出现。有的洽谈区设立在窗户边，顾客可以一边交谈一边欣赏周边景色，这是根据人性化设计理念满足人们喜欢临窗而坐的心理。洽谈区中大多以一些装饰物隔开，有的也会使用隔墙或卡座分隔，打造更加私密的区域，一般会提供给 VIP 顾客，或是购房欲望强烈的顾客。（图 3-67）

图3-67　洽谈区效果图

（4）签约区。签约区就是为购房者提供签约服务的区域。该区域一定要设立在比较安静、干扰较少的地方。因为签约在整个售楼流程中是比较重要的环节，而签约区也是最终销售目的实现的区域，同时也是需要保证客户私密的区域。有的顾客在此时心里比较矛盾纠结，有些许变动就会终止购买计划。一般也建议设立在财务区附近，方便顾客交款，也可以缩短顾客犹豫的时间。有的售楼处不单独设立签约处，而是在洽谈区中兼容签约的功能。但大部分售楼处还是会单独设立签约区域，为了防止顾客在作出重大决定时受周围的干扰。有的还会设置 VIP 签约室，在体现顾客尊贵身份的同时也提供了更为私密的空间。

（5）影音区。影音区是指一个小型的多媒体空间，包括影音多媒体、电子屏幕墙、电影电视以及声音系统等。影音区常设在展示区（模型区）附近，为使购房者能够更便捷地了解楼盘信息。有的售楼处也会将其规划在洽谈区附近，以便顾客在商讨时，发出疑问时，可以快速去查看。近年比较流行的影音室，其设计类似于迷你 3D 电影房，为了给购房者最直观、最深刻的印象。

（6）游戏休闲区。休闲区是售楼处中供顾客休闲娱乐、玩耍的区域。有时休闲区可以增加顾客的停留时间，对售楼处来说就增加了人气，同时销售人员也有更多的时间进行推销。在该区域中，一般会按照不同的企业文化来创造不同的区域氛围。如有的售楼处会将此处设计成类似书吧的文化类区域，而有的售楼处则会提供一些较为活跃的娱乐性休闲方式，甚至会在此安排抽奖活动，不仅活跃了室内的商业氛围，还带动售楼处的人流量，增加人气。游戏休闲区的主要目的还是为了增加其经济效益，其中所出现的各种活动、各种花样都是为了增加顾客和开发商之间的互动性，希望在此过程中，能激发顾客对楼盘的兴趣以及购买欲。（图 3–68）

图3–68　休闲区效果图

（7）儿童活动区。儿童活动区不作为售楼处的主要功能分区，而是一个附属功能区。因此，可以根据各个售楼处的实际需要来决定是否设置该区域。设置儿童活动区主要是考虑有的购房者会带孩子一起来咨询看房，有时候孩子会在一旁造成一定的干扰，将孩子安置在此，避免推销展示过程中被孩子的各种行为打断，从而影响经济效益。儿童活动区不一定要安置在室内，室外若有空间也可以，配备专门工作人员照顾孩子，也可使顾客放心，能专心考虑购房的问题，这些对销售是有直接帮助的。

（8）样板间设计。一般情况下，好的样板房软装设计不但能展示楼盘良好的形象，更能促进销售，产生直接的经济效益。一些楼盘的样板房由于装修效果好，价格适中，成了抢手货。由此可见，不少发展商把样板房作为一项重要工程来做，有其一定的市场因素和内在道理。样板房设计除了能把居户今后的家居生活活灵活现地勾画在人们面前，让人们看到前沿的设计潮流，还可以把新房的房间空旷感缩小，使人更真切地感受以后的生活空间。其实楼盘做样板房设计，不仅能体现楼盘本身的一种内在涵养，更多的是给购房者一个实质的参考。而买样板房的好处是，在价格上，精装修住房具有整体优势。开发商精装修房屋的材料一般都采取集团购买形式，在装修成本上节省许多，这是由消费者自己装修所不具有的优势之一。（图 3-69、图 3-70）

图3-69　样板间客餐厅效果图

图3-70　样板间卧室效果图

（9）辅助空间。辅助空间是指为促进售楼处完成其主要销售目的的附属空间，如办公区、财务区、资料室、洗手间等室内空间。这些区域的人流动线规划一般都不会设置在售楼处购房者的行走路线上，这样做是为了防止购房者和工作人员流线一致而形成现场的混乱。其中，财务区和办公区是售楼处以及地产公司工作人员的办公场所。有的售楼处会设置储藏室或更衣室，但一般空间不大，位置都比较隐蔽。财务区主要是负责购房者买房交款的地方，一般由工作人员带领前去，售楼处中各个区域都是为展示、交谈所服务的，但其最终目的都是实现签约交款。因此此处也算是售楼处中比较重要的区域。当购房者了解了销售人员展示的一系列的楼盘信息后，有想要买房的欲望时，如果能及时提供交付业务，哪怕只先交付了定金，对其销售业绩也有相当大的帮助。有些售楼处没有安排这一区域和服务，再加上有些顾客，在付款阶段犹豫不决，往往最后放弃购房想法。如果此时有财务区便可以让顾客感受到开发商的诚意和专业的态度，从而促进其营销。办公区是给售楼处中办公人员使用的空间。售楼处中的办公人员主要指开发商安排的相关人员、代理商安排的相关人员以及物业公司的部分服务人员等。有的售楼处会将办公区涵盖财务区，将二者合并在一起。

参考文献

【1】《国际装潢设计精选》联合编写组 . 商店、办公室设计构思［M］. 上海：上海科学普及出版社，香港建筑与城市出版社，1996.

【2】［美］玛丽露・巴克 . 办公空间设计［M］. 董治年等译 . 北京：中国青年出版社，2015.

【3】王湃 . 人体工程学及其未来［J］. 中国环境管理干部学院学报，2003（2）.

【4】冯芬君 . 办公空间设计［M］. 北京：人民邮电出版社，2015.

【5】陈亚孟，肖学健，李田 . 商业空间设计与色彩效应［J］. 设计，2019（3）：94–95.

【6】汤佳，钟乐 . 现代城市商业空间景观设计方法探讨［J］. 建筑技术，2018（2）：137–140.

【7】黄香琳，翁季 . 现代商业空间照明设计研究［J］. 灯与照明，2017（1）：36–40.

【8】骆文，陈航 . 绿色低碳理念在商业空间照明设计中的应用［J］. 家具与室内装饰，2016（06）：94–95.

【9】傅昕 . 展示空间设计［M］. 上海：上海人民美术出版社，2015.

【10】刘盛璜 . 人体工程学与室内设计［M］. 2 版 . 北京：中国建筑工业出版社，2004.

【11】阎轶娟，韦杰 . 办公空间设计［M］. 武汉：华中科技大学出版社，2016.

【12】高勇，赵秀艳 . 展示空间设计［M］. 北京：清华大学出版社，2015.

【13】闻晓菁 . 展示空间设计［M］. 上海：上海人民美术出版社，2012.

【14】吴昆 . 餐饮空间设计［M］. 北京：中国青年出版社，2015.

【15】王晖 . 商业空间设计［M］. 上海：上海人民美术出版社，2015.

【16】李梦玲，邱裕 . 办公空间设计［M］. 北京：清华大学出版社，2011.

【17】［英］徐珀壎 . 共享办公空间设计［M］. 贺艳飞译 . 桂林：广西师范大学出版社，2018.

【18】高迪国际出版（香港）有限公司 . LOFT：办公 餐饮 商业展示［M］. 卢晓娟译 . 大连：大连理工大学出版社，2016.

【19】王鹏 . 新型办公空间设计研究［D］. 天津大学，2007.

【20】孙荟 . 商业办公空间照明设计研究［D］. 云南大学，2014.